理解
·
现实
·
困惑

为什么我们总在重复痛苦

曹文改 高羚

————

著

如何用精神分析自助与助人

中国纺织出版社有限公司

序

　　一个人在不同阶段的成长过程中，都应具备相应的正常功能，以维持健康的心理状态，比如爱与被爱的能力、创造力、接纳自己的能力以及青春期的自我认同等。那么，为什么有些人会在成长过程中经历痛苦，且无法摆脱各种困扰呢？

　　这就是本书以精神分析视角探讨人们内在心理结构的原因：揭示烦恼的根源以及解决之道。如何让那些饱受痛苦的人意识到，他们所感受到的难受其实与早年的经历有关，是压抑或创伤所致？带着这样的思考，作者通过生动的案例，向读者展示痛苦是如何在咨询过程中被层层剖析，直至洞见核心的。读者将清晰地看到心理结构与痛苦形成的关系，以及这种关系对痛苦的影响，从而明白痛苦的源头和处理步骤。同时，本书也关注从出生到青春期的每一个成长阶段所应具备的基本能力，以及父母如何养育孩子并避免其潜在问题，助力其心智达到更高水平的统一与连贯。

书中的内容，对于那些想要了解自己、对精神分析感兴趣的人，以及初入心理咨询行业的新手咨询师来说，能起到引路的作用。这一事实经过了长久的验证，因为本书内容源自课程的转化。参加过相关课程的学员中，一部分人学会了如何解决自己爱生气以及家庭矛盾等问题；一部分人工作效率有所提升，不再斤斤计较；还有一部分人对精神分析和精神动力学产生了浓厚的兴趣。其中，一些学员已经成为经验丰富的精神分析师，有的成立了自己的工作室，有的甚至成为督导师，开始为更年轻的咨询师提供督导。在此，我非常感谢这些听过我课的学员，是他们给了我足够的信心来分享本书的观点。

精神分析是深刻的，是对人的整个心灵进行细致梳理和深入考察，以直面症状、和解内心冲突、重构人格。它是一种"两个人"的心理学，是私密且不可观摩的学习过程。想要成为以精神分析为背景的心理咨询师，需要四条"腿"来支撑：理论、咨询、个人体验和被督导。因此，学习理论知识、掌握咨询技巧是咨询工作的核心部分。本书通过实际例子来阐述一些抽象的概念，例如，潜意识在哪里、它是什么模样？在咨询中如何探寻来访者的潜意识？比如，有的来访者一进门便泪流不止，眼泪如同断线的珠子般止不住。然而，来访者或许并非真的伤心，而是想通过眼泪来宣泄情绪、引起注意，甚至是在"攻击"咨询师。咨询师需要识别来访者呈现的状态背后所隐藏的意义，并帮助来访者感知到这一点。当来访者处于一种似懂非懂的状态，即前意识状态时，咨询师的解释会为来访者带来一种"哦，原来是这样"的新鲜感。咨询师需要了解来访者的潜意识，同时要在恰当的时机进行解释，这样来访者才能真正明白，进而促进领悟。本书结合丰富的案例，以系统、实用且尽可能浅显的方式，呈现了精神分析最基本、最核心的内容，能够很好地帮助大家从零基础出发，走进心理咨询的世界，深入心灵的底层，甚至是底层的洞穴。

本书的特色在于相对全面、实用且紧密结合实际咨询的核心理论与技术，以及大量的案例展示。例如，书中探讨了如何针对来访者的梦境进行工作、自我与本我及超我之间的冲突表现与平衡、俄狄浦斯情结的处理、阻抗的识别与破解、防御机制的辨别与解除、自由联想的运用、倾听的技巧、咨询师与来访者长期相处的方式以及咨询结束时需要注意的要点。此外，本书还涉及神经症（如抑郁和强迫）与人格问题

（如自恋和边缘型人格）的临床表现及处理方法，青春期的主要特点及家长的应对策略等。书中还通过具体案例，清晰地阐释了共情、移情等关系状态。这些内容是作者在探寻来访者心灵之旅过程中总结的方法、心得与技巧，以浅显易懂的方式呈现，使读者易于理解并快速上手。

阅读本书时无须从头至尾依次阅读，每个主题均可独立理解。每一项咨询技术都与其相关理论紧密相连。因此，本书第一部分在深入浅出地介绍西格蒙德·弗洛伊德（Sigmund Freud）的基本理论时，也会涉及梅兰妮·克莱茵（Melanie Klein）的观点，以及当代精神分析的前沿经验，如威尔弗雷德·比昂（Wilfred Bion）的理论。第二部分则更侧重于实际操作，通过真实的成人案例"手把手"传授技巧，注重有效、实用且基础的方法，比如如何在此时此地进行理解、使用何种话语等。作者会以通俗易懂的方式，一点一滴地讲清楚，让读者在阅读中逐步体验，感受这些技巧在咨询场景中是如何发挥作用的。

无论一个人做什么，其实都是由内心深处那股难以察觉的力量所决定的。这正是精神分析的魅力所在，也是本书以纯粹的弗洛伊德观点为背景的原因——去探寻心灵最底层的部分如何在不知不觉中影响着我们的情绪、生活以及与他人的相处。

　　本书由两位作者共同完成。高羚从心理学爱好者的视角提供理解，曹文改则将其融入理论与技术的分享之中。

　　最后，感谢我的家人一直以来的默默奉献与包容。

曹文改

2025 年于广州

目　录

第一部分

为什么我们总在重复痛苦

第一章
推开精神分析的大门：工具、先驱与发展

　　精神分析就在我们身边。性、自我、梦、自恋、潜意识、恋母情结这些精神分析的术语，早已成为大家的日常话题。精神分析是我们了解人们心灵的一种方法，关注的是人们心灵的情感体验。比昂对精神分析的定义为：是成长的问题，是涵容者与被涵容者之间关系和谐解决的问题，在个人、人际间、团体间，在精神内和精神外重复。

一、精神分析的工具箱

　　想要了解我们看得见的事物，我们依靠的是我们的感知觉，如听觉、触觉、味觉等；想要了解微观世界，我们使用显微镜；想要了解深邃的夜空，我们会用望远镜。我们有可以使用的工具，来帮助我们看得更细致、更远。那么，对于我们的心灵，有什么工具可以协助探究呢？

代表性工具是一直沿用至今的躺椅，这是看得见的精神分析工具。来访者躺在躺椅上，咨询师坐在来访者的斜后方，咨询师可以看见来访者的所有：表情、从头到脚的身体变化。来访者看不见咨询师，据说是因为弗洛伊德不希望自己微小的表情变化影响到来访者，而是希望来访者只关注自身。这是精神分析使用的有形工具，目前有些人使用的是面对面的沙发。因为对于严重焦虑或一定要"看得见"的来访者，需要先进行面对面咨询，来访者在焦虑慢慢地有所缓解后才能躺下。荣格流派使用的是沙盘和曼陀罗。克莱茵流派有时会将咨询室里的一件随意的物品作为道具。弗洛伊德让杜拉对咨询室里的火柴盒和桌子进行观察，也是在利用手边的东西做道具。

精神分析的无形工具则是自由联想，用于对潜意识的寻找。在自由联想状态下，来访者会呈现出更重要的材料：冲动、幻想、梦和症状。梦是潜意识的直接显现，潜意识通过梦将自己展示出来。症状是心理过程出现了受阻，自由联想会慢慢去掉这个阻碍，显露真相。

精神分析的无形工具是被肯定的。不管是经典的、现代的，还是后现代的，都在使用。精神分析历经100多年，是被无数的来访者、被督者验证了的，是切实有效、被一代又一代人传承至今的。

二、精神分析的关键人物与先驱

西格蒙德·弗洛伊德发现了精神分析，并对其进行了深入的研究。当年追随弗洛伊德的有卡尔·荣格（Carl Jung）、阿尔弗雷德·阿德勒（Alfred Adler）、桑多尔·费伦齐（Sandor Ferenczi）、卡尔·亚伯拉罕（Karl Abraham）等人。这些前辈以他们独特的视角，拓展了对潜意识的了解途径。如荣格直接以沙盘呈现一个人的潜意识状态，让人们可以直观地看见和触摸。而雅克·拉康（Jacques Lacan），打着"重回弗洛伊德"的旗号，对弗洛伊德进行了全面研究，可谓是弗洛伊德的铁杆粉丝。但凡不是爱得深刻，都不会花费自己的一生对一个人倾尽所有，并从中领悟，形成自己的风格。拉康崇拜弗洛伊德的一些观点，认为弗洛伊德学说的本质是对梦、口误、神经症的理解。但在弗洛伊德的某些观点上，拉康又是反对的，如，拉康认为人的决定部分不是自我，而是语言。弗洛伊德提出了"潜意识"、荣格提出了"集体无意识"、拉康提出了"镜像阶段"，他们的思想影响了整个人类文明。精神分析大师们的咨访关系，可见表 1-1。

• 第一批精神分析大师的朋友圈：

西格蒙德·弗洛伊德、卡尔·荣格、阿尔弗雷德·阿德勒、桑多尔·费伦齐、卡尔·亚伯拉罕、欧内斯特·琼斯（Ernest Jones）等。

表 1-1　精神分析大师们的咨访关系

代际	精神分析大师	来访者
第 1 代	西格蒙德·弗洛伊德	—
第 2 代	西格蒙德·弗洛伊德	安娜·弗洛伊德 (Anna Freud)、詹姆斯·斯特雷奇 (James Strachey)、桑多尔·费伦齐、卡尔·亚伯拉罕、海因茨·哈特曼 (Heinz Hartmann) 等
第 3 代	桑多尔·费伦齐	迈克尔·巴林特 (Michael Balint)、梅兰妮·克莱茵、欧内斯特·琼斯
第 3 代	安娜·弗洛伊德	爱利克·埃里克森 (Erik Erikson)
第 3 代	卡尔·亚伯拉罕	詹姆斯·格洛弗 (James Glover)、爱德华·格洛弗 (Edward Glover)、卡伦·霍尼 (Karen Horney)
第 3 代	詹姆斯·斯特雷奇	唐纳德·温尼科特 (Donald Winnicott)

续表

代际	精神分析大师	来访者
第4代	梅兰妮·克莱茵	赫伯特·罗森费尔德 (Herbert Rosenfeld)、保拉·海曼 (Paula Heimann)、威尔弗雷德·比昂
	欧内斯特·琼斯	琼·里维埃 (Joan Riviere)
	詹姆斯·格洛弗	阿德里安·斯蒂芬 (Adrian Stephen)、西尔维娅·佩恩 (Sylvia Payne)、卡琳·斯蒂芬 (Karin Stephen)
	爱德华·格洛弗	玛乔丽·布赖尔利 (Marjorie Brierley)、梅丽塔·施密德伯格 (Melitta Schmideberg)
	唐纳德·温尼科特	哈利·冈特瑞普 (Harry Guntrip)、马苏德·汗 (Masud Khan)
	西尔维娅·佩恩	卡琳·斯蒂芬 (Karin Stephen)
	威尔弗雷德·比昂	塞缪尔·贝克特 (Samuel Beckett)

一代又一代，直到今天进行精神分析的你。

三、精神分析的发展脉络

19世纪末，弗洛伊德开启谈话疗法，运用自由联想，发现了潜意识对神经症的影响。1911年，阿德勒离开弗洛伊德，创立了自己的自卑情结观点。1913年，荣格与弗洛伊德决裂，反对弗洛伊德将性当成核心的观点。

1920年，哈利·沙利文（Harry Sullivan）创立了人际关系学派，他从精神分裂症患者身上发现，一个人的性格是在与他人的人际互动中呈现出来的。

20世纪30年代，安娜·弗洛伊德在对自我的研究中关注了防御的运作，认为这些潜意识防御的无法公开会降低疗效。这一观点得到广泛运用——解除了防御，咨询才能向前。之后，哈特曼提出以自我适应为主的自我心理学，玛格丽特·马勒（Margaret Mahler）强调人性环境，提出分离—个体化。

1944年，英国三派清晰，安娜·弗洛伊德认为对儿童的治疗需要给予支持、强调自我；克莱茵提出偏执—分裂位和抑郁位；温尼科特成立独立学派。

20世纪70年代，海因茨·科胡特（Heinz Kohut）创立自体心理学，认为一个人的问题是匮乏，而不是冲突。他提出自恋来访者的三种移情：镜映移情、理想化移情、孪生移情。

四、当代弗洛伊德学派的新探索

奥托·肯伯格（Otto Kernberg）将弗洛伊德的结构理论、克莱茵的客体关系、自我心理学的发展观点等结合起来，提出了焦点疗法。他主要以边缘人格问题为来访者，强调澄清自我、克服分裂、人们会为强烈的爱恨撕扯。

肯伯格和科胡特对自恋的看法不同，他们分别提出各自的观点。在临床实践中，每个咨询师会根据自恋来访者的不同状态，以自己受训内化了的姿态和自恋来访者相处。他们两个的不同观点，推动了精神分析理论的发展。

拉康认为人类经验中的决定性部分既不是自我，也不是和他人的关系，而是语言。他提出的想象界包括镜像阶段、欲望等概念。

比昂，新的崛起者，从 1953 年开始形成自己的思想，他立足于每一治疗小节的现象，认为咨询师以无欲无忆开启一节的咨询，对此，比昂强调使真相浮现。成长的情感取代了弗洛伊德的力比多，他认为梦的功能是将心理的碎片整合为一个完整的东西，提出了有限—无限的观点。比昂想弄清楚：为什么一个人不知道他自己的事情是怎么发生的？通过对精神病人进行精神分析，他提出关于人们思维的阿尔法元素和贝塔元素。此外，比昂认为与"O"[①]相关的一个主题是说谎者和说谎，当真相浮现时，关键并不在于真相由谁说出来：咨询师、来访者、儿童、成人等。他认为，个人只是真相的载体。

观察、观察、再观察，直到来访者的一种模式浮现出来，这种模式的出现可能是残忍的、莽撞的、破坏的，咨询师需要冒险进入来访者呈现出的这个未知的世界并面对来访者的恐惧。通俗来讲，就是咨询师要接受来访者的负面情绪，这是咨访之间关系稳定的关键。

精神分析仍在继续，一代一代地传承着，生生不息。

---

① "O"是一个术语，意味着终极的、无法得知的真相，具有不可言喻性。

第二章
梦、潜意识和人格结构：精神分析的三个关键词

一、梦的解析

咨询过程中，来访者提供的有用材料大部分是冲动、梦和幻想。梦是精神分析工作的核心，是了解来访者的心理必不可少的部分。睡眠暂时切断了人们的理性状态，不管多么紊乱无序，潜藏的阻抗、移情、冲突在梦中都是有迹可循的。这样，潜意识会浮出水面，给咨询提供一个了解来访者思维和感受的捷径。咨询师和来访者讨论他的梦，能促使来访者更多、更深入地回忆。

（一）梦在咨询中的运用

梦是愿望的实现，人们会将白天的事情在夜晚以梦的形式呈现，伪装后有冲突的愿望部分会在梦中得到满足。做梦的过程中，做梦者的防御会自动松懈，潜在内容会显现出来，

不过一般是经过加工的。梦有时可以修通创伤，如，来访者梦中在很高的墙上爬行，能够自主选择靠近安全的一侧，这是在修复小时候刚刚学会爬着走时的恐惧。重复出现的梦，可将做梦者生活中的主要状态鲜活地呈现出来，如，来访者经常做买衣服的梦，其实是呼应来访者这个阶段时常想换工作单位的念头。梦境主题的改变，也意味着治疗的进步。如，来访者之前在梦里会恐惧有人将门撞开、闯进他家，当来访者的恐惧减轻后，来访者的梦中出现的场景则变成厕所里有一扇窗没有关，他起来将窗户关了，从里面插上了插销，然后安然地睡了。

梦的内容和现实生活是有联系的，来访者早期诉说自己的梦，一般是因为最近萦绕在头脑中的情况在梦中出现了，咨询师需要和来访者讨论目前生活中遇到的问题，这样能够使来访者意识到梦是可以被觉察到的。在咨询进行到中后期，咨访关系稳定后，咨询师会开始探讨梦的潜意识部分，来访者能够将自己的梦和早年未实现的一些愿望相联系。如，在来访者的梦境中，他与几位同事一同玩闹，最终他牵着领导的手并肩前行。这个梦境让他联想到了自己在工作场所的日常状态，尽管在现实中他对领导有些敬畏，但在梦中，他却能够与领导建立起一种亲近的关系，这反映了他内心深处的愿望在梦境中的实现。随着时间的推移,当来访者再次提及这个梦时,他开始将梦中的领导与自己的父亲联系起来。在他的童年记忆中,父亲总是神情严肃,让他感到难以亲近。这种联想让他能够更加开放地分享关于父亲的回忆和感受。

(二)梦出现的形式

浓缩 梦有时会隐藏真相(隐梦),有时会显露一部分真相(显梦)。有时隐梦和显梦这两部分会混在一起,需要咨询师一点一点地去剥开、揭露。如,梦中出现的人,或许是几个人的合并;或者梦中出现的几个人,其实都是做梦者自己。举例来说,来访者梦到她丈夫杀了人,她妹妹和哥哥在吵架。来访者认为梦中的几个人都是她自己,她暴力和冷酷的一面在梦中出现,是在提醒她自己。

置换 梦有时会声东击西,做梦者目前的状态和梦的内容没有关系,这些梦好像完全不是做梦者自己的。有时梦中出现的情况比目前生活中的焦虑更严重,或做梦者生活中的重要部分在梦中变得微不足道。如,生活中不太焦虑的来访者,梦到自己在向上爬着悬空的楼梯,来访者感到非常害怕。来访者奇怪,明明自己的生活不是那么艰难。后来,来访者认为梦是相反的,说明来访者目前是自在的。

象征　梦的内容会以风景或物体等状态呈现，就是说，梦会以比喻的形式出现。如，来访者梦到他一个人在大海中，来访者最初的联想是，大海是无边无际的，到处是一样的。后来，来访者认为这很像他自己和母亲的关系，来访者被他母亲的思想包围着，没有自我，这让来访者感到很恐惧。

（三）来访者对梦的陈述

弗洛伊德认为来访者对梦内容的描述是一种次级思维状态。来访者在诉说梦时，是对梦的回忆，做梦者会自动地进行整理，让梦变得更有连贯性或更合乎情理。来访者往往在第一次诉说梦时会遗漏一些内容，在以后的补充中会对梦和遗漏之处有新的解读。我们会在醒来时忘掉或依稀记得做过梦，具体内容却一点也想不起来，而弗洛伊德认为忘记或只记住梦的片段是一种对抗，是出现了阻抗。

在咨询师解释梦的过程中，来访者又想起的梦的片段往往是重要的。如，来访者梦到几个很壮的男人要进入他家，他拼死将门闩从里面插上，感到很害怕。来访者联想到他小时候总是一个人在家，而父母出现时总是很大声地说话，这让他很恐惧。后来，来访者再次说到这个梦时，认为梦中的那些男人是他认识的他们村里的人，不知道为什么要来他家。再后来，来访者说，他好像只是想插紧门闩，梦中没有插上，那些男人就要进来时他就醒了。来访者联想到他一方面很害怕力气大的人，就像他母亲大声骂他时那样害怕，另一方面又想亲近母亲。

有时来访者对梦的描述是扭曲的，有时又会添加梦的材料或修饰梦。咨询师和来访者在接下来对梦进行讨论时，才能够弄清楚梦中的哪些内容是在来访者诉说时多出来的，哪些内容是经过加工的。

（四）如何释梦

咨询早期，咨询师还不能够对来访者的梦有过深的理解，因为来访者呈现出来的材料比较少，来访者一般也联想不到有用的东西。咨询师会对梦给予大体上的解释，如梦代表来访者现在和从前比较在意的部分。咨询进行一段时间后，对梦的解释，有时是从整体上考虑，有时是对每一个细节，如一句话、一个词、一个场景的变化等进行探讨。如果来访者对梦能够自由联想和重复诉说，就会得到更多理解。大部分惊醒的梦，是一种焦虑、干扰，或一种妥协，是在提醒做梦者要注意变化。如，来访者梦到自己去餐厅吃饭，一个人走到地下层时，感到很黑、很恐惧，被吓醒了。来访者的联想是自己想要一个人去探索，希望对自己的理解能够深入一些，依然对未知的、不可控的事物感到恐惧。咨询师的理解是，来访者对于内心潜意识部分的探索感到害怕。

白日梦是在想象中满足一个人的愿望、野心、欲望等。如果一个人经常处在白日梦状态，说明这个人有许多不切实际的想象，而在现实生活中却不太如意，因此在头脑中自编自演，导演、编剧、演员都是这个人。如一个底层工作者想成为富翁，便开始展开想象的翅膀，任由自己想象拥有豪车豪宅，眼前堆满金条，喜不自禁。

有时，来访者会在不同时期、不同状态下做梦，咨询师需要将梦和这一节来访者呈现的有意义的材料进行联结，形成一个理解，反馈给来访者，这样能够使一种高浓度的冲动呈现，来访者的防御就会被打破。如果一节咨询中来访者提供的材料比较多，当咨询师对来访者有足够的了解时，也可以不对梦展开讨论。

（五）其他人对梦的看法

荣格更重视梦的表面内容，认为梦是未经乔装的象征、遵循补偿原则。

客体关系流派认为梦本身是一个客体。如，一个女性来访者梦到她的女性咨询师安静地抱着她。在这个阶段的咨询过程中，这位来访者一直处于无力的状态，对咨询师有理想化移情。这个梦是在说来访者渴望被母亲接纳，因来访者小时候不在父母身边。这也是弗洛伊德说的"梦是某种特定形式的思考"。

自体流派基本和荣格相似，认为梦具有保持平衡的功能。如，一位刚毕业的女来访者梦见她刚做好的美味肉汤被母亲喝光了，而她却要饿死了。来访者对梦的理解是，她的内心是空的、极度无力的，非常希望母亲知道这些状态。咨询师的理解是来访者没有生命的活力、没有自我，母亲将她"吞噬"并夺走了她的生命力。

潜意识会以梦的形式呈现，通过释梦，咨询师对来访者的理解会增加。这并不是说要促使来访者频繁地讲述一个又一个的梦，而是来访者记得自己做的梦，自然地就分享出来了。如果咨询进行了好几年，来访者还是很少谈论自己的梦，这有时代表一种阻抗。如果最近一段时间的咨询中来访者大量地谈论自己的梦，不去提及现实材料，这有时代表是来访者在掌控咨询。

二、潜意识：深藏的力量

潜意识和知觉相关，弗洛伊德的心理地形说将心灵分为三个不同的领域：潜意识是由不可接受的想法、记忆和情感构成的；前意识是通过注意的努力就可以转变为意识而感知到的；意识则是在任何时间都可以感知到的行为、想法、情感。

潜意识是原始的、无序的、杂乱无章的，有令人恐惧的、可怕的一面，如冲动、驱力和被淹没的各种感觉，也有原始破坏性的和与性有关的愿望。在咨询情景下，咨询师沉浸在来访者的潜意识中，就像你潜在杂草丛中，你会看到草尖漂浮着、彼此交错、互相不由自主地碰撞。这，就是潜意识的状态。潜意识中原始的、野蛮的、可怕的部分，如冲动、驱力、原始的超我，像凶神恶煞的怪物一样，威胁着要摧毁那些被禁止的破坏性愿望以及与性有关的愿望，还有引发需求、恐惧和创伤的内部客体，那些迫害的、戏剧性的投射和仇恨等。这些就像森林里的各种动植物，出现暴风骤雨时，咨询师会进入这样的风暴并沉浸于此，找寻潜意识迹象，仔细识别每一个动植物的样子，然后弄清楚它们是如何交织和纠缠的，再一点一点将其松解。

（一）表现

潜意识是我们不知道的。如，一个来访者不能在她老公面前表达自己的脆弱，她认为脆弱是不好的。一开始她不知道是什么原因，咨询一段时间后，她说她从小就无法在父亲面前说她的心里话，尽管她父亲很爱她。又如，一个来访者喜欢在网络游戏中玩杀人游戏。一开始说起来，来访者也只是觉得过瘾，慢慢地来访者意识到父亲骂人时极具杀伤力，而自己连个脏字都很难说出口。当攻击置换到虚拟的游戏中时，他才敢发泄出来。咨询师在咨询室里对潜意识的观察方法是让来访者进行自由联想，来访者在自由联想的状态下会暴露潜意识里深沉的部分，需要付出巨大努力才能使它们浮出到意识中。就是说，有一种极大的力量在阻碍着，只有消除了这一阻碍才能使潜意识回到意识中来，这是严格意义上的潜意识，如癔症遗忘、强迫状态的冲突等。潜意识的心理过程可以影响我们的思想和情感，在梦、口误、笔误中，甚至在不知如何得出的智力上的结论中呈现，如阿基米德发现体积和密度之间的关系时发出的尖叫声。来访者会说有一个巨大的、不知道是什么的东西迎面而来，感觉要被吓死了。或说，自己像躲在身体里面的小孩，外面的肚皮太厚了。这些也是潜意识状态。

（二）特征

潜意识是非理性的、无时间性的、未知的、不合逻辑的、原始的、持续在活动着的。它时常干扰着意识，又受防御的制约，不断想要爆发出来，又不断在某种抑制力中较量，然后又不断想以扭曲的形式表达。所以，弗洛伊德说："一个正常人既远比他认为的自己更不道德，也远比他知道的自己更加道德。"潜意识具有创造力，如，一位老板为公司最近的一场官司焦头烂额，理不出头绪，他走出大楼，沿着湖边小道一直走啊走，心思慢慢地完全被绿荫湖波吸引，不知不觉间，一些想法飘然而至，思绪一点点清晰。

（三）潜意识在哪里

我们知道，安娜·欧（Anna O）出现了胳膊僵硬的情况，弗洛伊德让她自由言说，她回忆起这种情况最初发生在父亲病床前，她将胳膊放在椅子上睡着了，醒来后变成了这样。她睡得不踏实，这是一些似睡非睡状态时的场景。为什么她出现这些后胳膊会变僵硬无法动弹，其他时候却不会？这让她无法接受，而这些被排除在她的意识之外。通过谈话，她的这些被排除在意识之外的记忆被唤起，只是通过言说，她的症状就缓解了，胳膊也恢复了正常。

又如，来访者说他喜欢坐硬的凳子，能够感觉到力量，也欣赏态度坚定的人。但一天一位说话大声且态度强硬的顾客找他买东西，他反而被吓得手足无措、魂不守舍。讨论后得知，那一刻，来访者莫名像个小孩，觉得那个大人一样的顾客好威严。这让他想到小时候他父亲总是会突然大声骂他，那个当下，顾客的状态激起了来访者小时候面对父亲时的慌乱。来访者诉说这些的同时又觉得父亲是有力量的，他也想像父亲一样有力量感，他平静了。这里潜意识邀请来访者，使来访者再次体验小时候对父亲既欣赏又害怕的感觉，当来访者能够去诉说这些体验和情感时，咨询就会往前走。这些在咨询室里是自然出现的，潜意识就在来访者的感受里，在来访者自由联想的过程中被唤起。

潜意识有科学证据吗？目前，神经心理学家借助CT、核磁共振、红外线扫描已经证实了潜意识的存在。如，快速刺激一些人的右脑，这些人会脸红、傻笑，而言语性的左脑没有这些反应。又如，切掉一些遗忘症者的双内侧颞叶，这些人会失去形成新的陈述性记忆的能力。

在咨询室里，咨询师通过将潜意识转化为意识来工作，即便如此，我们对潜意识的了解也是非常有限的。与潜意识有关的部分时常扰乱我们，一旦接近潜意识就会让人焦虑。潜意识可以通过精神分析工作改变，就是说，潜意识是可以受外界影响的。就这一点来说，长程来访者可以从内心混乱状态逐渐转变成来访者能描述清楚的状态，就很好地见证了潜意识在精神分析过程中的变化。

（四）意识、前意识和潜意识三者的关系

一个人的心灵包括意识、前意识、潜意识。咨询师将来访者诉说的某件事的意义直接告诉来访者，来访者的问题并没有得到解决。就是说，咨询师将自己感受到的潜意识的含义告诉来访者，来访者是没有感觉的。这已经在咨询室里被无数次地验证了。只有在来访者对潜意识有所感知，处于前意识状态时，来访者才能够理解和接受咨询师对潜意识的解释。咨询过程中，识别潜意识是重要的，咨询师感知来访者对潜意识的了解程度也是必要的。

前意识，是虽然此时此刻意识不到，但在集中注意、认真思索或在没有干扰时，可以回忆起来的经验。这种场景在咨询室里频繁出现，对于咨询师来说屡见不鲜。有时对于咨询师说的话，来访者会说"不明白""不知道""没有感觉"，这是因为咨询师没有觉察到来访者此刻不在前意识状态，这有时代表的是一种阻抗。咨询师任何层面的解释，都需要发生在来访者处在前意识状态时，咨询师一说，来访者就会有种"哦，是这样""对""你可真是个敏锐的家伙"的感觉。咨询的过程是探索潜意识的过程，一旦咨询师有话想说，就要先去感受来访者的心理状态是否在前意识状态里。动力视角的咨询师在来访者提供的一堆材料中，不仅要识别出这些

材料的潜意识含义，还要将这些含义以来访者能够理解的方式传递给来访者，在来访者似明白似不明白（前意识）时，咨询师一说，来访者就知道了。就像隔了一层窗户纸，咨询师轻轻地用下力，窗户纸就破了。

如，来访者一开始就说他从幻想中来到现实了，他的梦都是日常生活中的场景。来访者是在说他受压抑的潜意识部分在松动，他可以触摸潜意识中让他害怕的部分了。接下来，来访者说到他工作中那个把他吓得魂飞魄散的客户，当客户再次出现在来访者面前时表现出的弱，让来访者惊讶：一个人怎么会有如此不同的两个状态。其实来访者的前意识已经感知到他自己身上的强和弱，只是意识层面感觉奇怪，借由客户来呈现出来。此时，咨询师解释说来访者自己身上也有强和弱，来访者就会感到咨询师的解释和他此刻内在体验到的是吻合的，就会自然地接受，进而去展示自己身上强和弱的部分，从而慢慢走向整合。

三、人格结构理论：本我、自我、超我

一说到结构就会给人一种有序的、边界清晰的固化感，人的心理是随时随地在变化着的，是动态的，就像我们平时

做心电图的波线一样，也如水的波纹，是有其内在结构的。弗洛伊德的人格结构理论有三个心理组成部分：本我、自我和超我。本我出生就有，自我一般在 6~8 个月才萌芽，超我是在 5 岁左右出现，克莱茵认为婴儿 1 岁以内就存在超我了。这三者不断变化，相互渗透又彼此干扰。从我们每天睁开眼起，这三个部分就没有停止过博弈，累了、兴奋、有点烦躁等感受，都是超我和本我在打架，是自我协调后的状态。

（一）本我——快乐至上

本我就是一个人本能的、原始的状态，哭、笑、吸吮、排泄等是出生就有的，是动物性的本能冲动，同时也包括性的冲动。本我是一个混沌的世界，它容纳一团杂乱无章、很不稳定的、本能性的、被压抑的各种欲望和想法，隐藏着各种人类社会伦理道德和法律规范所不容的、未开发的本能冲动。如，有时人们会在严肃的场合（如开会）出现性的需求，有时就想闯红灯。本我就想"快乐"，也就是"给我我想要的（奶水）"，完全不管善恶、价值，就知道不惜一切代价地满足自己。如，有一次，咨询师在来访者诉说时换了一个姿势，这让来访者很愤怒。来访者继续说道，在来见咨询师的公交车上他咳嗽了一下，被一旁的乘客嫌弃了。来访者很恨那个嫌弃他咳嗽的人，说那个人好冷漠、没有一丝同情心。

这里，咳嗽是本能的刺激反应，对咨询师和嫌弃他咳嗽的人的恨，是活现，是本我的反映。只有两类人会将驱力完全投注给本我，一类人是婴儿，另一类人是精神病人。

（二）超我——道德良心

超我一般是在 5 岁左右才出现，10 岁左右稳定。超我是我们的良知，是心灵中道德和理想的部分，来自父母、养育者、老师、习俗的要求和禁令，呈现出的是严苛的状态。超我反对的内容有些是我们可以意识到的，如内疚、以牙还牙的报复。有些是通过咨询才能知道的，如，一些低自尊者在潜意识里责怪自己，对自己进行自我惩罚。举例来说，一个小女孩偷母亲的首饰，并将这些首饰放在父亲挂在衣柜里的裤子的兜里，是潜意识安排了可以被母亲找到的线索，是对惩罚自己的潜意识需要。某种程度上，这也是对俄狄浦斯期欲望的压抑。一些职业生涯的失败也是潜意识里产生的对自己的惩罚，还有"意外的"受伤等。如，来访者抑郁来袭，不想上班、不想吃饭，只想躺着，这样大家都不会责怪他。来访者以让自己难受来避免被责怪，其实潜意识里是在责怪自己，将难受当作对自己的惩罚，是严苛的超我不允许来访者好受，来访者以破罐破摔、自我毁灭的姿态来表达自己的无力。

超我存储于听觉、触觉、视觉等记忆中。听觉如父母的严厉呵斥，触觉如被打，视觉如看别人被打。超我存在于幻想中，如，俄狄浦斯期幻想越强烈，就越具破坏性。超我可以支配的攻击能量越多，就越严厉。这一点与本我的冲动有关，本我的冲动会使儿童受到父母的伤害。小男孩会恐惧失去生殖器，小女孩会害怕性伤害。

儿童进入青春期时，会认同自己在现实生活中没有接触过的人，如小说中的人物，儿童会使自己与小说中人物的观点一致。在成人期，超我可能会发生变化，如一个人信仰的改变。当老天和鬼神完全管控住一个人时，代表这个人将自己力比多的能量完全投注给了超我。

成长过程中会相继出现一些对幼儿来说很危险的情形，按年龄顺序是：①失去客体，②失去客体的爱，③阉割恐惧，④超我的刁难。这些相继出现的灾难性情况并不会相继消失，这些情况是一个人产生焦虑的主要来源，是自我反对本我冲动时采用的防御。咨询过程中，这些经历带给来访者的害怕和恐惧有时是深刻的，外在表现出来的或许是对某一类人的害怕，或许是对不确定感的担心，有时也表现为对直接触及死亡的情况的极度恐惧，如车祸等，不能碰触，哪怕只是刚想要说起就会恐惧得要命。

（三）自我——协调员

自我受感知觉影响，是个体的主观感受，要平衡各种知觉冲动，协调良心，是一个执行者，没有无限的能量储备。我们在无法控制的力量下生活着，意味着将自我比较压抑的部分合并到潜意识的本我，而与意识相连的部分控制着兴奋向外部世界释放的通道。到了晚上，自我便进入休息状态。

我们知道，一个人在醒着时会对被压抑部分表现出抵抗。如，一个人在梦中直接拔掉一颗让自己疼痛的牙齿。这个人对梦的理解是，自己可以对让自己难受的"疼痛"的牙齿直接表达愤怒。牙齿给他带来痛苦，他可以毫无顾忌地将其拔了扔掉，梦中完全释放了这种不满。他认为这个愤怒是对母亲的，生活中他很难表达对母亲的不满，母亲让他难受时他往往以不理睬处之，在内心对抗着对母亲的愤怒。咨询工作就是要解除这些抵抗，让来访者痛苦的部分崭露头角。

有时当来访者的联想接近被压抑的真相时，来访者却联想不下去。即使此时咨询师告诉来访者他被一种抵抗的力量阻碍着，来访者也意识不到，无法感知和描述。如，来访者6 岁时眼睁睁地看着母亲在他面前因车祸去世，来访者在咨询中却只是描述着这个场景，没有情绪。几年后，来访者说他抑郁了，看什么都觉得没有意义，也不想继续咨询了。咨询师感觉到了来访者的不满，试图让来访者尝试表达这些不满。来访者认为自己没有不满，想停止咨询是因为他出现了瓶颈，对自己感到绝望。这种情形持续了一段时间后，当来访者又提出要中断咨询时，咨询师脑海中出现了来访者讲述自己 6 岁时妈妈去世这件事的画面。咨询师告诉来访者，来访者的绝望感源自当年眼睁睁地看着母亲离去，自己却什么也做不了的无力。在这个来访者想离开咨询关系的时刻，来访者是当年要离开来访者的母亲，咨询师是当年幼小的来访者。当来访者能够面对这些阻碍时，就可以谈论被压抑下去的和母亲离世相关的各种情感了。

（四）本我、自我和超我三者的关系

本我、自我和超我之间既有联系又有区别。本我在释放能量的过程中会遇到来自自我和超我的阻力，如果本我冲破阻力，自我的理性活动过程便会遭到破坏，如果冲破受挫，本我的能量就转化为自我和超我活动的原动力。在咨询情景下，本我一般是在咨访关系稳定时才会出现，这也是为什么需要相对长时间的咨询，真正的变化才能出现。最初出现的往往是超我，如来访者对咨询室的环视、对咨询师的打量。来访者诉说的材料中，口头的言语部分是经过自己也不知道的加工过的自我防御后的呈现。也可以说，咨询室里，超我

以投射的方式出现，自我以防御的方式出现，本我会在不经意间流露。

如，来访者的女性朋友要来访者帮个忙，来访者认为麻烦直接给拒绝了，之后来访者感到不好意思，来访者认为自己的不好意思有些奇怪，觉得自己不该这样。过一段时间，来访者认为朋友是热情地对她，她的拒绝是冷淡的，她对自己的冷淡感到不好意思，因为热情是她想要的，冷淡是她讨厌和害怕的。过了两三年，来访者说她的母亲从小就经常骂她，母亲是冷淡的、让她害怕的，她的父亲在她很小时会对她笑，是温暖的。一次谈到来访者的父亲时，她声泪俱下，说不想让关于父亲的有温度的部分表达出来，只想藏在内心，这样她就是冷淡的了，冷淡就冷淡了。但这个有温度的感觉出来后，冷和热割裂了，来访者不知道该怎么办。尽管如此，来访者下一节咨询的一开始就说她惊讶地发现自己竟然不怕人了。

来访者拒绝朋友后在意识上感到不好意思，潜意识里是对拒绝父亲的内疚。拒绝给朋友帮忙表面上显然没什么大不了，或说是没有什么伤害性的，却激起了来访者内心压抑的对父亲的亲近欲望（本我）、不好意思（超我）、不安（自我）。本我和超我之间起了冲突，自我无法平衡，就焦虑了。

第三章
从婴儿到成年：如何用精神分析解读人的一生

一、口欲期（0~1.5岁）：探索世界从嘴巴开始

对于一个生命来到世间，太多人从不同的视角进行了阐述。弗洛伊德对幼儿的理解更多的是通过稍大一点的儿童或成人退行下的状态观察而来，这在一开始被许多人认为匪夷所思，而在临床咨询过程中经过不断验证后，逐渐地被大家接受了。

（一）出生

关于出生，有许多学者提出不同见解，但都认同出生即分离，新生儿有了自主呼吸、剪断脐带的那一刻，就成为独立的生命体。这一点，在咨询过程中的表现是有许多来访者会说想回到母亲子宫：有些人说想回去了之后永远不要再出生；有些人会说我之前好像在子宫里，现在刚刚出生，尽管

一片陌生和茫然，却感觉很宽阔，我再也不想回到子宫受束缚了，自由多好啊；有些来访者会说我不想剪断脐带，因为我无法一个人活着。

弗洛伊德认为出生是小婴儿的原始冲突，是生与死之间的冲突。克莱茵认为出生是小婴儿爱与恨之间的冲突。而比昂认为，出生是小婴儿想了解真相，同时又对此感到厌恶之间的冲突。他认为真实的经验会滋养心智，这些喂养思想的经验食物不是认知，而是情绪和想象。

一个新生命出生的第一周里母亲和婴儿之间表现为绝对共生，主要是母亲全然地以婴儿为主，母婴在心理上是一体的。正常的婴儿在 3 个月左右开始吸吮自己的手指，弗洛伊德认为这是性的表现，吸吮带来快感，与口腔黏膜接触会使小婴儿获得愉悦的满足感，这也是身体性欲的体现。婴儿吸吮母乳或冲好的奶粉是其最快乐的事情，弗洛伊德指出，当婴儿满足地离开母亲的乳房，脸颊绯红、笑意满满地入睡时，神情很像成人性满足后的样子。

婴儿一般 5 个月左右开始出牙，这个时期开始添加辅食。这对婴儿来说，是一种挑战，小婴儿从这个时期开始会出现身体不适，如消化问题。婴儿也更具攻击性，之前不开心时会拒绝吸吮，出牙后不满时则会咬乳头。这个时期，碰触小婴儿嘴唇他会开心地笑。两个人亲吻，是一个人的嘴唇与另一个人嘴唇的接触，这会带来快感，这一点延续到成人会表现为这个人喜欢接吻。有些男性喜欢吸烟、喝酒，有些女性喜欢吃零食，还有一些人有成瘾行为，这些都是这个时期的产物。

（二）婴儿的性表现

小婴儿没有性对象，只会自娱自乐，这就是自体性欲。性目的直接被快感区域管控，以维持身体的特定功能。小婴儿通过口腔和外界保持联系，他通过他的嘴巴来观察、品尝、体验世界，母亲通过喂奶时的抚弄、注视和"哦（婴儿）、哦（母亲）"的对话，来让小婴儿快乐。小婴儿被妈妈抱着时，能够感受到妈妈是用心在抱，还是心不在焉。这是身体语言的交流，用心抱会让婴儿有种存在的感觉。有些来访者找不到自我，没有存在感，就是因为这个时期出现了问题。

这个时期，母亲的镜映特别重要，婴儿通过母亲的反馈，知道自己，了解自己，认识到自己是开心的还是不开心的，这就是心智化。咨询中，咨询师的镜映和解释，在某种程度上也是在促进来访者的心智成熟。肯伯格认为，如果小婴儿在出生一个月内未能与母亲建立起亲密关系，这是非常严重的问题，他称之为"自闭型精神病"，即处于未分化状态。

（三）自主性

婴儿在 8 个月左右开始萌发自我意识，婴儿开始感知到自己，能区分自己和妈妈是两个人。我们知道，一个人的自我无法被我们主观地体验到，但可以去感受和思考。当婴儿有了自主性后，母亲如果对婴儿发出的信号有回应，会对婴儿有深远的影响。如，婴儿哭了，母亲快速地识别出婴儿是饿了，会一边平静、温柔地说着"哦，宝宝难受了，你饿了"，一边开始喂奶。此时，母亲提供给婴儿的是一个包容情绪的心理空间。这里，母亲展现的是能理解婴儿且不焦虑，和婴儿不同，母亲的平静也使婴儿平静了下来。如果婴儿哭了，母亲却开心地说"来，我们一起玩铃铛"，此时，母亲没有体会到婴儿的焦虑（哭），用和此刻婴儿情绪完全相反的情绪来对待。婴儿得不到理解和安抚，还要讨好母亲，也"开心"起来，这会导致假自体的形成。长期这样，婴儿长大后会照顾别人，以扭曲和混乱的方式与人相处，难以接纳自己，严重时会出现边缘人格问题。在咨询过程中，咨询师对来访者的解释应该是建立在对来访者当下状态的真实感受上，以共情的姿态，反馈来访者此刻的心理活动。

这个时期婴儿一般开始爬行，向前爬动时，如果回头妈妈还是在场，这会给婴儿一种稳定感、踏实感。在咨询中，固定咨询室、固定时间、固定咨询师，都是为了让来访者感觉到稳定。

（四）会走和独立

婴儿一般在 1.5 岁左右开始走路。直立、走路、走动、走出去，婴儿不仅开阔了视野，还能短暂地离开妈妈。当婴儿能坚定地踏出那一步时，也踏出了独立和自信。同时，婴儿也会遇到一个重要的议题——分离。

婴儿会走路，从身体上完全脱离母亲，也就意味着身体上和母亲完全分开了。婴儿在心理上不断地尝试分离，从最初母亲扶着走，到扯着一个衣角走，慢慢到尝试松开母亲，这个过程中婴儿不断地回到母亲的怀抱，不断地再次往外走。重复再重复，当婴儿能够自己迈出第一步时，他会特别开心地回头看向妈妈，这是在说"我是可以的哦"，也是在再次确认妈妈是否还在，他需要时是否可以随时回到妈妈的身边。这时妈妈需要一直关注着婴儿，婴儿回头时能够看到这个依然看向自己的妈妈，心里才能真正踏实，才能走出自信。这个过程需要妈妈耐心、包容、鼓励。咨询中，来访者每当呈现出一丝进步时，都会及时分享给咨询师，咨询师需要对此给予正面回应。在出现阻碍时，咨询师要让来访者看到目前遇到了阻碍，说明阻碍是什么，表示他会和来访者一起面对。

　　婴儿学习走路的过程中，会体验到短暂地失去妈妈的感觉。这种分离使婴儿在尝试独立与依赖之间摇摆，在这个过程中，婴儿会逐渐分辨出什么是属于他的能力、什么是属于别人的能力。慢慢地，婴儿能够获得自足感，就是一种独立的能力。同时婴儿会与母亲这个爱的客体分开，忍受放弃，去体验从未尝试的新事物。这会让婴儿痛苦，但婴儿自己能够学会处理这种变化带给自己的不适，甚至焦虑。此时，婴儿需要的是母亲的存在，需要母亲对婴儿的关注、鼓励、陪伴，以及对失败的包容。

　　咨询过程中，每一节的结束都是一种分离，咨询师和来访者都在体验着分离和再相聚。如果咨询师休假，来访者会体验到分离带来的不适，来访者一般会以迟到或发脾气的方式表达分离带来的被抛弃感。咨询师要感知到这些，也要让来访者感知到这些。

　　口欲阶段，有许多的议题，如共生、融合、镜映、分离等。这个时期婴儿会使用一些防御机制来保护自己，如投射、投射性认同、否认、分裂、压抑等。成人依然在用这些防御机制是因为个体早年这个阶段的发展受挫，导致成人时期出现了严重的心理问题，如躁狂症、边缘人格障碍、严重的自恋人格问题等。

二、肛欲期（1.5~3 岁）：掌控感与秩序感从此萌生

随着肌肉组织和神经系统的发育，儿童快乐和注意的中心从口腔转移到肛门区域。亚伯拉罕认为，胚胎学上肛门相当于原始的嘴，这个嘴后来才移到肠子末端。儿童慢慢能够感知到自己憋大便时直肠会有一种由饱胀带来的舒适感，或者痛快地排完大便时的畅快感。此时儿童会自己决定让大便留着还是让它出去，从中感受到掌控带来的快乐。肛门的快感终身有性的敏感性，如，有些便秘者就是在享受肛门带来的愉悦感。

（一）掌控感带来的愉悦

随着躯体发育，儿童的神经系统也逐渐得到发展，肌肉力量增强，可以自己控制括约肌，这使儿童越来越能控制自己的身体，如保留或排泄大小便。这种自己完全能够控制的能力，成为儿童性愉悦的重要来源，憋着不排便带来的直肠充盈的饱胀感或排空后的痛快使儿童快乐。这个时期，如果大人继续参与管控儿童大小便，如，要求儿童在一定时间或

场所排便，儿童内在会有抵抗。来自父母的外在力量和儿童
自己的内在力量相互抵制，使大便成为孩子与父母权力之争
的工具。经常这样，儿童成人后在其他方面也会出现选择或
决断困难，如，买什么东西、读哪所学校、和谁一起玩、找
什么类型的工作、找谁做恋爱对象等。

渐渐地，随着控制身体运动和身体细微感觉能力的增
强，儿童也想尝试使周围的事物听自己的，如果失败就会发
脾气。父母想参与时，儿童会通过说"不"或"我的"来表
达这是他自己的或他想要的。这时，如果父母理解不了孩子
想要控制和拥有自身之外的东西的想法，孩子就会慢慢变得
懦弱、被动、担忧。

有时，心智还不成熟的儿童会表现出狂怒和敌对的情
绪，为了克服这种复杂的攻击情绪，儿童还会有强烈的焦虑
和恐惧。这是儿童想掌控自己的情绪又掌控不了时的状态，
儿童通过不断地体验和尝试处理这些情绪来慢慢达到平衡。
如果儿童在这个时期经常出现憋大便的情况，这就表明他在
对抗父母，这是一种敌对。有时，儿童会产生一种不协调的
感觉，为了使自己有安全感和被保护感，情绪上会变得不稳
定。在活跃时，儿童会手舞足蹈，但有时又会对他人和自己
表现出狂怒和失望，如，冲动地摔碎自己喜欢的玩具。有时

儿童对妈妈表现出依恋，有时又抗拒不让妈妈参与他的游戏，情感上忽热忽冷不稳定，这是在寻找一个新的内在平衡，是正常的。儿童想自己处理与自己相关的事，同时又对自身能力不足的现状在接纳和忽视间摇摆。通过这些调适，儿童会逐渐发展出一种稳定感。

（二）象征

弗洛伊德认为粪便是婴儿能够赠送给父母的第一件礼物，慢慢地，婴儿对粪便的兴趣转变成为对金钱的。第一次能够设想一个不存在的物质，标志着象征意识的开始。如，大便被潜意识地理解为献给父母的礼物或对父母的拒绝等。咨询中，有些来访者经常谈论和钱相关的内容，这就是这个时期的议题。

有些儿童经常憋大便，对于柱状的大便，有时在儿童的感觉中，排泄物＝乳头＝金钱＝礼物＝阴茎。象征意识代表着想象力与创造力，阴茎＝排泄物＝小孩＝礼物，阴茎代表象征功能，比如有些女孩在成年后会通过希望拥有一个孩子来解决对阴茎的嫉妒。咨询中，如果来访者经常谈论金钱或者小孩，这在潜意识中可能是对阴茎的渴望，或因得不到而嫉妒。

（三）好奇心

这个时期的一个重要的方面，是儿童好奇心的发展。儿童开始对周围的一切，包括自己的身体及其功能，有着极大的兴趣，如，小孩开始询问自己来自哪里。身体发育使性别分化变得明显，儿童开始关注男孩和女孩身体上的不同，会想去探索自己的身体和异性的身体。

拿到一个新的玩具时，儿童不是先把玩，而是先拆开玩具，看看里面是什么，来知道它们是怎么回事。对幼小的动物，如蚂蚁等，他们会捉住、玩弄它们，他们只是想看看会发生什么。他们还会捡起户外的落叶、树枝来把玩，喜欢玩弄脏东西，像泥巴、土块、石子等。

这些看起来像是搞破坏、不卫生的举动，如果大人在自己的感受里是无法理解的，有时还会对孩子发脾气，阻止他们接触脏东西，不让他们搞坏玩具，这也浇灭了孩子对外界的好奇心。这样，孩子向外探索的欲望被压抑了，之后在写作、阅读等需要想象探索的部分的发展就会受限。这同时也是对创造力的扼杀，也压抑了举一反三的创新能力。一个人有足够的好奇心才会去不厌其烦地探索，如果在探索中产生新的灵感、新的视角，就会有多一条路的释然。咨询师对来访者有足够的耐心，是对人类心灵充满好奇，对未知和不确定性有想了解的欲望。如果咨询师对来访者失去好奇，就会和来访者共谋，不想探究来访者潜意识深层的状态，仅希望来访者快点消除症状。

（四）施虐和受虐

施虐与受虐，是主动与被动的关系，是通过让对象遭受痛苦来获得愉悦。这里包括羞辱和臣服形式的快乐。如，有些夫妻之间，掌握经济话语权或有社会地位的一方，只给另一方很少的金钱甚至是不给，也是在实施虐待。

施虐是一种攻击、一种征服欲，是战胜性对象抵抗的需要。施虐是内心攻击性的体现，是同类相食的遗迹。这种要战胜的心理是在反抗和阻止力比多的力量，那一刻被固着了。如，想调节自己愤怒的情绪时会控制不住大叫，或通过割伤自己来对抗痛苦。受虐是一种被动承受，通过使自己的身体和心理受苦来获得满足。或许，这是由肛门肌肉受神经系统支配被动运动带来的快乐，或是太小时目睹了原初场景，对此懵然不知的孩子认为是在实施欺负。

一个小孩如果经常出现坐到坐便器上却拒绝排便的情况，那么他在生活中也会变得怪怪的，如，忍住就是不哭，自己知道的东西就是不说。有些七八岁的小孩，在学校不大便，憋着回家才排，需要大人来擦屁股，因为他们从中可以得到快乐。成人对钱的吝啬、喜欢与人吵架或打架，也是施受虐的体现。咨询过程中，来访者不断地诉说没有意义的话题，是在制造"粪便"，是在虐待咨询师，咨询师需要识别出这些是来访者在防御，咨询才能进展。

（五）强迫

小孩喜欢把玩脏东西，而父母每次都要小孩按自己的要求保持干净，经常这样，会导致孩子的内心形成对事物的好奇和满足父母的要求之间的冲突。若这种情形频繁地发生，会在日后发展为强迫。

这里，父母的要求蕴含着专横的态度，与小孩内在的享乐不断打架。小孩这个时期的心智不足以说服父母，父母的不满足有时会使小孩内疚、自责。在咨询过程中，这类来访者会伪装谴责，即看上去是自己在责怪自己，其实会从自责中收获被父母关注、照顾的快乐。强迫症患者无法停止强迫行为，是因为有隐藏的愉悦。最初父母的要求在感受上成为一种呼唤，孩子被呼唤着来填补父母自身的不足。在咨询过程中，有些强迫症来访者，明显有一种被动性——不得不做某些事。如，来访者睡觉前不停地刷手机，刷得视线都模糊了依然停不下来，为此自责。来访者刷手机似乎是被一种说不清楚的想法驱使着，逐渐地，来访者意识到，其实自己是想看一下喜欢的或关心的事情。来访者对已经出现的内容还没看够，内心没有被满足，就想不断地多找些。

这个时期的主要议题，包括好奇心、攻击、秩序、固执、权力的竞争、施受虐、矛盾、仪式化、重复等。有些人经常做拾荒的梦，把垃圾理想化为食物，就是在这个时期出现了问题。创伤、受挫严重或压力过大，是形成强迫症的基础。

三、俄狄浦斯期（3~5岁）：爱上父母，是小孩子的"情感革命"时期

这个时期，儿童已经发展出与父母的情感联结，能区分出哪些情感是自己的、哪些情感是父母的，能够容忍和父母的分离或父母缺席，会自己主动思考遇到的事物，也能调节情绪，自我相对稳定。

随着身体的发育，这个时期的儿童在和小朋友打闹或洗澡时，会因偶然碰触外阴部而感受到舒适，这开启了性生活的篇章。同时儿童能够明显区分男孩和女孩。这个时期的小男孩观察到自己和母亲身体的不同，在小男孩的幻想中，母亲的"小鸡鸡"是被割去了，这会使小男孩恐惧，担心自

己的也会被割去。小女孩观察到自己的身体和父亲不同，会因为自己没有"小鸡鸡"而担心，幻想自己的或许已经被割掉了。从弗洛伊德 1899 年首次提出"俄狄浦斯情结"至今，已有许多学者为此发声，认为这是人类内心最主要冲突的核心，人类本能的冲动、幻想、性在俄狄浦斯期尤为突出。

（一）俄狄浦斯情结的分类

俄狄浦斯情结可分为三类。

1. 正常俄狄浦斯情结：小男孩由于阉割恐惧，放弃了占有母亲和除掉父亲的想法，这一现象称为俄狄浦斯情结。小男孩希望单独与母亲维持一种爱的关系，即男孩的恋母情结。当小男孩放弃除掉父亲后，会开始认同父亲身上的男性特征，表现为喜欢和父亲一起玩耍。目前，主流理论依然是以男孩视角解释什么是俄狄浦斯情结，也有人根据这一点抨击弗洛伊德有男权思想。

2. 正向俄狄浦斯情结：小男孩想和母亲结婚并推开父亲，小女孩想要嫁给父亲并排斥母亲。在这个敏感阶段，伴随着父母对孩子的去性化，小孩幻想破灭后认同同性别父母，此时初步完成了性别认同。

3. 反向俄狄浦斯情结：小男孩热爱父亲而对母亲有强烈

的恨，小女孩爱着母亲而排斥父亲，这被称为反向俄狄浦斯情结。

俄狄浦斯情结的结果是超我的严苛使儿童认同同性别父母，同时保有自己性身份的认同，接受自己的男性或女性身份。儿童的本能欲望第一次被阻止，这使儿童原始的欲望转变为文明的社会渴望，也促使儿童学会控制自己的脾气。父母这样做，也是父母对孩子去性化的表现，最终会使小孩认同父母成人的性身份。如果这个时期受挫，小男孩胆子会比较小，小女孩会容易受伤。

（二）阉割焦虑

弗洛伊德认为，小男孩会将父亲当作自己的榜样，想拥有男子气概，且逐渐开始向母亲投注情感，亲近母亲。亲近母亲与将父亲视为榜样，这二者并存一段时间，最终合为一体。正常的俄狄浦斯情结就出自这个融合，小男孩发现父亲横在他与母亲之间，于是他对父亲的认同就带有了敌意。同时，父亲会更多参与小男孩的日常活动，和小男孩直接打交道。这对小男孩来说蕴含着不可改变的威胁，这个权威来自父亲，并且坚定有力，这促使小男孩害怕并离开母亲。这个焦虑是健康的，小男孩因为这个焦虑而被迫疏远母亲，将对母亲的力比多投注转向他处以保护自己，从而开始对家庭之外的事情表现出更多的兴趣和关注。

小女孩希望得到父亲的赞美，声称长大要嫁给父亲，这是小女孩的俄狄浦斯情结，也叫埃勒克特拉情结。而此时母亲通过自身的女性魅力震慑女儿，使女儿感受到母亲极具吸引力，自然地就再次靠近母亲，认同母亲的女性身份。此时小女孩只是接受自己是女性，如果心理的发展在这里固着，长大后，这个女孩会一直以小女孩的姿态对待生活和伴侣，如需要被照顾、不想负责任等。小女孩要想继续往前发展，就要转身离开母亲，此时俄狄浦斯情结结束，小女孩开始真正接受自己的身体。如一位来访者一直认为母亲爱骂人，只盯着她骂，但她内心想靠近母亲，以安静地接受来讨好母亲。当来访者能清晰地知道这些时，她坚定地说："我要转身走开，走在属于我自己的路上，让她（母亲）去吧（离开我）！"过了一段时间，来访者说她可以开始穿连衣裙了。

小女孩有一天会发现自己被阉割的真相是自己的身体本来就没阴茎，这成为其成长的转折点，由此展开 3 条发展路线。

1.性的禁欲或神经症：这类女性没有性欲望，无性生活，往往会出现神经症症状。

2."女汉子"：此类女性具有男性情结。女孩的心理内在认为既然不能嫁给父亲，父亲不接受女儿像女人，那就认同父亲身上的男性特征，得不到就加入。

3.正常女性气质：大部分女孩属于这类，能接受并享受自己作为女性特有的身体构造。

（三）阉割焦虑在生活中的表现

1．是一种痛苦的、失去的感受。如，癔症者的歇斯底里是因为不愿意回忆起那些曾经遭受的痛苦、无法接受母亲不如自己想象中爱自己的失落与悲痛。

2．孩子因对抗父母而产生的敌意会造成一种焦虑，即父母中嫉妒的一方将会在身体上报复并伤害孩子。如，当小男孩就是要和父母睡一张床上时，父亲会严厉呵斥或打孩子，使其回到自己的房间睡觉，小男孩无奈走开。这里，小男孩的父亲用暴力征服孩子，会使小男孩屈从父亲，但小男孩也会因此对父亲产生敌意。

3．在这个时期，父母自身的俄狄浦斯情结会被激活，如果他们在童年时期没有足够的能力来获得"三元关系"的爱并学会分享，就会因嫉妒而攻击或打骂孩子；如果父母自身的俄狄浦斯情结没有得到有效处理，就会和自己的孩子纠缠，将孩子当作自己的自体客体。这样的母亲和女儿、父亲和儿子之间会经常起冲突，严重时会导致父母恨自己的孩子。

（四）俄狄浦斯情结冲突的解决

解决俄狄浦斯情结的冲突可以产生新的心理能力。因为，为了解决冲突，这个人必须面对失去的痛苦，同时也要因自恋而受伤——放弃占有性的欲望和独占的感觉。弗洛伊德解释说，失去一个客体可以通过认同该客体来克服。因为俄狄浦斯冲突既包括积极的部分，也包括消极的部分，结果就是"内在的父母客体"会因受到威胁而失去，因认同而获得"挽救"。因此，俄狄浦斯冲突的结果就是认同父母双方。男孩若认同父亲，会变得刚毅，若认同母亲，则会形成温柔的一面。女孩若认同母亲，会变得温和娇美，若认同父亲，则会变得坚定有力。

同时，孩子内化父母的关系，这被认为是获得"成熟的三元之爱"的一个重要步骤。这意味着一个人爱着某人，并容许和接受那个人和另外一个人（即第三方）有着重要且独立的关系，能够分享爱。对孩子来说，不管是男孩还是女孩，父亲都是第三者。父亲的重要功能，是让父母之间的关系胜过母亲和孩子的关系。精神分析强调父亲在三元关系中的作用，父亲能防止男孩因与母亲过于亲密而产生的潜在乱伦风险，也能避免女孩因与母亲过于亲密而陷入潜在的共生状态。

在咨询室里，第三方是咨询中的"设置"。这不但适用于一对一咨询，在团体咨询中，设置同样是有力量的，当某位团体成员想冲破边界时，设置的力量就会显现。如团体咨询中，某位成员因内心潜意识的情绪被激起，又无法言说，便会直接付诸行动——站起来去喝水，其他的成员就会自动停止说话，等喝水的成员回来，其他成员就会去责怪他造成了打扰，因为"不喝水"是该团体咨询中的设置。

（五）生活中父母怎么做

对于这个年龄段的孩子，父母要通过容忍自己的感觉而不报复或轻视孩子来帮助他们，最重要的是父母要维护自己的夫妻关系，避免受到孩子的干扰。

三元关系是一种能力，是一种在头脑中保持"第三方"存在的内在心理能力。第三方有时是一个人，有时是一个想法，往往会给予禁止感、边界感，体现在人际关系中是一种排他感。咨询过程中，作为设置的第三方就在咨询师头脑中承担着此项功能。一旦这个功能变弱或失去，就会出现共谋。

　　小女孩需要父亲的宠爱，如果父亲经常不在家或比较沉默，女儿长大后会觉得缺爱，和男性相处时比较自卑。父亲要让女儿感觉到对她的接受、喜欢、欣赏。有时父亲和女儿亲昵地玩耍时会完全忽视旁边母亲的存在，女儿会让母亲走开，这样就可以独占父亲。此时，母亲可以直接有力地参与父女的玩耍，父亲要能够分享自己的爱给此时作为第三方的母亲，允许母亲加入父女之间的活动，并使女儿接受父亲与母亲之间有女儿做不了事情，如晚上父母睡在一起，女儿独自睡。

　　如果小男孩和母亲之间的关系太过亲密，父亲没有办法加入，那么小男孩会没有办法成长为一个男人。如，小男孩和母亲对话或玩耍时，仿佛只有他们两人，周围的环境或父亲似乎不存在，父亲此时说话或要参与进来会被强烈忽视和排挤。这种情况下，父亲需要展示自己的力量，切断母子间的过度亲密，母亲也要坚定地拒绝小男孩的过分要求，如四五岁了睡觉时还要摸着母亲的乳房。同时，夫妻双方也要彼此关心，维护感情。假如父亲在男孩心目中是遥不可及的厉害角色，一直是个竞争性的存在，小男孩成年后和他的男性上司也总会呈现竞争状态。这样的人要么一事无成，要么很难合作。这种情况，是父亲没有将自身的俄狄浦斯情结处理好，这个父亲潜意识里害怕被自己的孩子所阉割，此刻孩子是父亲的自体客体，小男孩固着在来自父亲的竞争压力产生的焦虑里。

这个时期的主要议题包括阉割焦虑、竞争、敌意、嫉妒、罪恶感、人际问题。

四、潜伏期（5~11岁）：孩子的情感生活进入了平稳期

小学时期日益被社会各界关注，因为太多的小学生出现不想上学、自伤、偷东西、进食障碍等问题，以及缺乏玩伴等烦恼。

（一）潜伏期心智

这个时期正常的儿童一般具有处理合作、分享、交友、分离等能力，这也称为"潜伏期心智"。他们在学习技能与知识的同时，还学习认识和了解自我。儿童会通过观察与参与日常活动了解哪些是自己可以做的，如系鞋带、整理书包、穿衣服等。这个时期的儿童会通过看小人书、看漫画、收集贴纸等了解自己。

由于这些心智力的建立，儿童的能量由性目标转向自身之外，从家庭转向外在世界，喜欢自己组织小团体、玩过家家游戏，也会开始崇拜英雄、名人、明星。随着心智力的发展，性本能的抑制是一种升华，与教育无关，性本能到青春期会再次被唤起。同时，这个时期儿童的思想变得活跃，会像小大人一样，开始以说话而非身体来表达自己，这是一种进步，是长大的标志。

如果儿童在这个时期因为各种原因出现问题，未能获得所需的内在力量来应对青春期爆发的性本能，心智的发展会受影响，这些人会一直没有情感地使用程序或办法来解决问题。

如，一位 40 岁已婚女性，因为恐惧前来咨询。来访者除了工作，没有其他爱好，穿着一丝不苟。来访者出生不久就因为父母家穷而被送去外婆家。来访者和她丈夫及孩子比较疏远，描述他们时没有流露出一丝情感。来访者希望咨询师给出建议，但如果咨询师给出了建议，她的眼神又会带有一丝藐视，而且她认为咨询过程中如果有情绪会耽误事。咨询进入第 3 年时，来访者有一次说她很不想谈论她父亲，她觉得父亲会给她带来一些温暖，但这种温暖只停留在心的外面，而内心深处仍是冰冻的，这是她母亲留给她的，她希望就这样，彼此保持距离，也很好。安静一会儿后，她的眼泪突然倾泻而出，泣不成声。她说她恨咨询师让她打开了那个封存已久的壁垒。她想到了她8岁左右时，有一次只有她一个人在家，父母去干农活了，她想做饭，可是柴怎么都点不着，还是等父母回来后由母亲点燃的。这里的"火"可能代表危险，会毁灭一切。青少年时期，危险、愤怒曾带给她极大的冲击，她为了保护自己，花了许多力气封存这些感受。她通过情感隔离和疏远来防止这些感受扰动她脆弱而无力的自我部分。这种过度僵化的潜伏期持续到了成年，导致来访者没有活力，呈现出枯竭的状态。

（二）潜伏期的特点

这一时期的少年在心理和情绪上积累着经验，外在上快速习得各种技能，如学写字、编程、打球、画画、舞蹈等。他们喜欢和同龄的伙伴待在一起，我们会看到三五成群的少年们做着各种各样的事情，如一起聊天，背后议论其他同学或某个老师，给班上其他人起外号，一起打球、滑冰、看电影等。这时的孩子们对于外部世界有更多的兴趣，想成为大人，有时会通过玩过家家游戏来模仿大人。

这个时期的青少年会在成长中遭遇各种挫折，如和家人的分离，融入小伙伴圈子时的不和谐以及和异性交往的困感。在学习各种技能的过程中，他们也会遇到各种不顺利，如阅读困难、记忆力差等。这些不如意是一种成长经历，青少年需要从中思考、感受、判断，因为这些体验也是成长过程中正常的一部分。从依赖父母到自己解决问题，青少年经历了从激烈冲突到惊喜愉悦的种种内在感受。这些是成长过程必要的挣扎，会有助于抑制性兴奋，促进心智发展。这个时期，青少年会主动遵守规则，男孩可能会崇拜警察，会坚决阻止父母闯红灯，要求父母按顺序排队，希望得到社会认可；女孩则可能开始学习做饭，给布娃娃做衣服等。

（三）潜伏期可能出现的问题

这个时期青少年开始正式走出家庭，走进校园，接受教育，这意味着他们要将之前给家庭的能量分出来转移给学校、伙伴、兴趣以及其他从来没有体验过的部分。在这个过程中，如果本能的能量无法转移出去，依然在内心汹涌，青少年就可能会出现各种各样的问题。如，父母要求孩子放学回家必须先写作业，如果孩子抵抗不了，内心又想玩耍一会儿，就会带着情绪学习。他们有时不知道如何和同学说出自己的想法，只能闷着，就会慢慢封闭自己。如，小雨说，班上的一位男同学说喜欢她，小雨很开心，会和他一起学习。小雨放学后也会不停地想与这位男同学相处的事情，慢慢地注意力无法集中，学习受到了影响，进一步影响了心情。这个时候父母或老师无法理解小雨需要陪伴与欣赏的心情，就会批评小雨，小雨就会不想去学校。

在学习技能时，青少年可能反复尝试却总是失败，如明明鞋带绑好了，过一会儿又松开了，或者这次考试本来可以拿满分，试卷发下来才发现因为自己的粗心被扣了分。如果青少年经常失败，努力尝试但效果不佳，就会变得不自信。

有些青少年家庭中，父母想锻炼自己的孩子或迫于生活而使孩子过早承担一些家庭责任，如，独自看店铺、卖东西、算账等，这种过早承受的责任可能会引发身体疾病。孩子在认知力不足时，既想为家庭分担，又力不从心，这种纠结和难受，最终会通过身体不适表现出来，如感冒或拉肚子等。

在潜伏期，父母要做的是观察、陪伴、协助。孩子渐渐长大，随着见识的增加和与其他伙伴的交流，他们了解到自己有和父母不一样的地方，自我的发展使他们能够自主思考，有自己想做的事。如，想和同龄伙伴一起玩耍，不想父母参与。父母要慢慢放手，让孩子去尝试、去体验。当孩子需要父母帮助时，父母应学会以孩子为主，自己退后一点，以参谋的角色，允许孩子有自己不成熟的想法，允许尝试，允许失败，慢慢地父母想要的有主见、有担当的孩子才能出现。

这个阶段的主要议题包括秩序、技能、伙伴关系。

五、青春期（11~18岁）：探索自我、建立独立个性

叛逆是这个时期的一种外在表现，青少年开始更加坚定地不听从父母的意见。这个时期自伤的发生率是最高的，且男女生如何相处备受老师、家长、社会的关注。一个人的学习日渐有了家庭的参与，展示自我的冲动和各种压力冲突博弈着，渴望朋友忠诚和遭遇背叛的愤怒交织着，各种体验堆积而至，成为独特的感受。

（一）青春期的主要议题

小学后期，大部分青少年的身体已经开始出现第二性征，到青春期快速发育。这时，青少年遇到了青春期男生女生都必须面临的议题，即对身体变化的适应和对因此而来的心理变化的调适。同时，身体的外形和之前不同，从过往婴儿化的桶状身躯到现在腰身变细、臀部突出，这是一种分离，标志着青少年从婴儿化走向成人。随着心智力的发展、视野

的开阔，此时父母已经不能满足青少年，他们从行为到思想都在迈向外界，这些都和分离有关。

分离是青春期必须经历的，青少年从过往熟悉的感觉中走向独立思考、独立决断，有对熟悉的身体、感觉的失落，会若有所思。他们同时迫切需要处理与外界的关系、与异性的相处、身体的性反应等真实体验。例如，男孩第一次射精及对精液的了解，女孩第一次来月经及对经血的处理，如何应对突如其来的第二性征、异性的目光以及父母的不放手，这些与分离相关的挑战，需要青春期的男女生快速做出反应和决策，内在的迟疑只会使挣扎延续。

（二）自我认同

青春期时，当一个人的本能冲动与社会文化及伦理相冲突时，这个人就会慢慢地找到适合自己的"标准"。随着独立思考能力的逐渐增强，个体会为自己建立一种想法，并以这个想法作为检验的标准。这样，在他去认同他人的过程中，如老师、明星、英雄、小说的主人公、游戏的玩家等，有时会对与自己的想法不吻合的行为或语言表现出排斥，强烈排斥时就会表现为叛逆。这是一种矛盾：想认同又因自尊心驱使而要忍住。这会让人只爱自己，只做自己喜欢的事情，只沉浸在自己的想法、感受中。如果自尊心没有那么强，就容易认同他人、模仿他人，有时会在一致和不同之间纠结。

这期间，青少年在认同他人和保持自主之间挣扎，是继续分离，还是真正有自己做决定的能力？这个撕扯的过程，也是反思和比较的过程。因为认同他人时，是将他人理想化，会投注大量的能量给这个人，导致自己虚弱，进而对自己不满。明明自己才是那个聪明的、有能力照顾他人的人，现在却无力照顾自己和做出决定。此时他们又会将投注的能量收回给自己，使自己饱满而有活力。在这样的一来一回的重复中，青春期的心灵涤荡得以慢慢稳定，自我的自主性得以维持。

因为第二性征的到来，青少年开始关注身体形象，在意别人。青春期照镜子的时间明显增多，青少年开始重新认识自己变化了的身体，也会由此放大自己的缺点。如，女生认为自己的皮肤不够白皙，有痘痘，太丑，就连小朋友都不敢靠近；男生觉得自己的胡须太密，喉结突出，会故意掩藏或不想见人。一部分声音发生变化的男生，会感觉自己很陌生、声音很难听，从而不想说话。青少年若不能接受身体悄然而至的改变，会感到羞怯，并开始躲人，而这也会影响到学业和创造力的发展。

这个时期，青少年能够感受和接纳自己的才能，但通过这样获得的自我认同还不太坚固，在大学或工作后受重大事件的影响时，需要重新评估自己的能力，再次获得认同。一个人在30岁前，自我认同都是核心任务。在接纳自己、重新认识自己的过程中，个体也在协调自己和别人的关系，这也是一种爱的能力。随着能力的发展，个体在面临不确定性时，能不急躁，允许自己普通，能承受失去，成为独特的自己。

如果青少年不能借由发展自己来体验各种可能性，无法放弃追求来自父母的认可，就会认为自己比较差，意识不到自己有时能力是有限的，会失望、退缩。他们极端时会不去学校、不去见人，又会因不甘心就这样而痛苦。

这个时期的父母，如果不允许孩子体验各种情绪，只是注重智力训练，会让孩子出现高智商、低情商的情况。父母如果无法接受孩子成长带来的独立思想，就会因为孩子的叛逆（分离）而失落、自责，严重者会出现抑郁。

（三）第二次机会

一个新生命从8个月左右开始萌芽"自我"，能够独处，体现出个体化的状态。小婴儿会为自己能够独立完成"一件事"而开心，如，会拿起玩具、会拍手。

青春期是个体化的第二次变化，分离—个体化是青春期发展的主题之一。如果你同意父母的观点，这只说明你长大了，能明白那是父母的观点而自己不反对。如果在接受父母观点的同时能产生出属于自己的想法，你才是会思考的、相对成熟的大人。如，父母要你周末去游泳而你接受了，如果你只是按父母说的周末去游泳，说明你觉得父母说得有道理，周末游泳是来自父母的想法。如果你接受周末游泳的同时有属于自己的想法，如决定几点去、穿什么样的游泳衣、去哪个游泳馆、和谁一起去，你能区分哪些想法是父母的、哪些是自己的，这就是分离—个体化。

学会爱，是个体化的表现之一。一个人在感觉到别人带给自己期待和痛苦的同时，会逐渐认识到自己也在使别人痛苦，也被别人期待着；自己爱着或恨着别人，别人也爱着或讨厌着自己。会分享是俄狄浦斯期向前发展的表现之一，而青春期爱的分享是再次确认自己和他人之间相互独立的体现。

（四）性别认同

这个时期的核心是性别认同明朗化。在爱的关系中，不只是希望被照顾，也会去照顾别人并愿意为他人做些什么。同时，异性交往也会变得敏感，一旦参与活动就会感觉到新的刺激。如，男女生一起参加学校组织的演讲比赛，其中一位男生走过来找同班的一位女生借了一支笔，这位女生瞬间满脸通红、局促不安。她认为平时他们没有说过话，猜测这个男生是否对她有了爱意。这个时期，有些男孩爱耍酷，有些女孩比较活跃，喜欢展示自己的女性美，爱穿漂亮衣服，爱打扮。也有些女孩会通过穿中性衣服或增肥来隐藏自己的女性化特征。

青春期男孩更愿意和父亲一起骑车、户外活动、体验冒险，在父亲面前展示自己的能力，希望被父亲看到，有时会通过站队父亲或母亲来显示自己的男性力量。随着男孩独立意识的发展，男孩开始对父亲去理想化，认为父亲在有些事情上不如自己，会发表自己的观点并希望被父亲接受。极端的情况下，男孩会和父亲吵架，甚至打架，以表示不服。如果青春期男孩依然害怕父亲，这个男孩即使成人了也会比较胆小。如果父亲在家庭中的功能比较弱，男孩的男子气概就会不足。

青春期女孩会认同母亲的女性化身份，接受自己是女性。女孩月经初潮意味着这个女孩成为一个女人，月经初潮标志着她与童年期的分离，并开始进入青年期。有些女孩会对月经感到羞耻甚至厌恶，不好意思告诉同学或母亲。有些女孩会等快要上课时才去厕所，就是为了躲开大家，不想让大家知道自己要处理月经。她们有时甚至会在经期变得不爱说话、不合群。这个时期如果母亲太过控制，就会导致女孩虽然身体上发育为成人，但心理上还处于幼女，从而无法完成个体化转变。

（五）对父母去理想化

去理想化，才能呈现和接纳真实的自己。在这个过程中，父母对孩子的影响减弱，这一点，需要父母和孩子双方都意识到"孩子长大了"。孩子不再按父母要求的做，而是特立独行，如果父母能接受孩子表现出的各种新的变化，父母和孩子之间就不会有太大的风暴。孩子需要伙伴时会拒绝与父母一起，如果此时父母无法理解和支持孩子的想法，孩子就会发脾气，父母和孩子之间就会起冲突。

孩子装大人是想独立，独立是想离开家庭，但他们又做不到心理层面上完全离开，这种冲突让他们痛苦。如，这个时期有些孩子去外地读书，却依然频繁地与父母联系，希望父母能化解自己的所有烦恼，父母无法满足时这个孩子就会变得无力，有时会绝望。咨询室里有时候会来一些被家长或学校要求来咨询的青春期来访者，他们一开口就是不想学习、只想放弃。面对青春期来访者，咨询师一般是给予支持，和来访者一起探讨困难，明确告诉来访者会和他一起面对、一起想办法。学业上的困难，或许是一种外显。他们的内心其实是挣扎的，有些是分离带来的：完成学业，就意味着真的远离父母，离开家乡，要独自面对所有，他们不想长大，因此独立与依赖发生了冲突。有些是脆弱的自尊心被同学或老师伤到，不想再受伤，所以选择逃避。有的不是因为学校同学因自己成绩差不接受自己，而是自己认为自己成绩不好，无法获得优越感，羞愧而回避。夸张时，一次考试失利就会让孩子不想上学，无法接受失败，过往的高成绩只是一种掩盖脆弱的假象。

离开家庭意味着高兴地迎接独立的自己，会增强自尊心，同时什么都需要靠自己，会伴随自我怀疑和孤独感，对成长的恐惧和希望自己是大人的想法会发生冲突。这期间，现实生活中能为自己负责会增强内心分离的能力，能够自己做决定，不断地验证自己的真实能力，从而进一步促进个体化发展。

独立以及遇到与伴侣的亲密关系方面的问题，是这个时期的烦恼之一。父母不再是自己的榜样，青少年可以自己做主，这会使有些人心里没底，从而因害怕而失去自我、变得茫然，进而回避亲密，导致更深的孤独感。有些人则相反，会不顾后果地进入亲密关系。早期被母亲控制的人，这个时期自主性的发展会使母亲感到被威胁，母亲自己的需要会限制孩子的正常发展。这样的母亲完全不能理解孩子想要获得自主的挣扎。此时，父亲如果能站出来，让母亲感到父亲是和母亲站在一起的，母亲就会松手，支持孩子闯荡，孩子就会轻松很多。

咨询中后期是要来访者对咨询、对咨询师去理想化的，这个过程有时也会伴随来访者对咨询师的攻击，这是在移情下对早年父母去理想化的一种直接呈现。

第四章
内心隐秘的信号：如何解析症状

一、症状：痛苦的表征

　　说起症状，人们常常会想到具体的疾病。我们这里说的症状是指心理层面的、频繁发生或持续几个月、数年的情况。如，一个人抑郁了，情绪持续低落；另一个人在爷爷去世后，右手时常感到麻木。这些都是心理出了问题，表现在情绪和肢体上。症状对人们的整个生活是有伤害的，会带来痛苦。这里的伤害是指症状本身带来的心理耗竭，及为对抗症状产生的进一步消耗，这些致使人们难以应付生活中的重要事项。如，一个人想和别人有联结，总是想此刻有人主动找他该多好，能约他出去闲逛也好啊，可是没有，当愿望落空时，他就会更加难受。精神分析认为，症状的出现是因为它们等待着被听见和看见，症状不是错误，而是线索，指引咨询师找到真相。来访者被症状禁锢，不是潜意识在寻找快乐，而是来访者只能通过症状来开展人际关系，只有通过痛苦的心灵状态和自我挫败的行为模式才能与他人相连，如果放弃这些痛苦和旧有模式，来访者会感到完全与世隔绝，会产生被抛弃、被毁灭的感觉。

（一）原因

一个人出现困扰，源自心理层面本能冲动与内心抑制这个冲动的反作用力之间的冲突。在咨询中表现为，来访者对咨询、咨询师、咨询进展的心理对抗，是努力想好起来的自我与坚守习惯的本我在互相博弈。

儿童时期的力比多在成人时压抑得太过分了，会造成不稳定状态。如果生活中一些情绪压抑不住了，幼儿的力比多就会冲出来，成为症状。如，一个人出生时母亲就是抑郁的，这个婴儿想要的要不到，无法被满足，慢慢地就会压抑冲动，变得不活跃。这个婴儿长大后会在毕业时无法完成毕业论文，或毕业后无法找到工作，因为开启新篇章对他来说是困难的。

（二）目的

症状的出现是为了避免痛苦，如，一位经常被女领导骂的女性，在神经症中找到了出路。这位女性认为自己找不到其他工作，同时自我力量不够，无力反击，于是就用身体难受（出现症状）来防御和报复。她可以对医生讲述身体的各种不适，因为她的"病"，领导也不再对她释放自己的情绪，也减少了她的工作量，她以让自己难受（身体不适）换得自己想要的。有些母亲抑郁了，导致小婴儿时常得不到母亲的回应，慢慢地小婴儿会变得安静顺从，但是会以经常发烧、闹肚子等表现来获得照顾。

有些来访者在见咨询师之前，会假设咨询师是能知道自己所有想法的，会不想把自己的症状（痛苦）都告诉咨询师，这是把"知道"投射给了咨询师，认为咨询师了解一点就能告诉他症状（痛苦）的原因和如何消除痛苦。咨询师需要认识到，在咨访关系中来访者呈现出这些所要表达的意义，识别出来访者的投射，与来访者讨论，使来访者认识到这些的不真实性。

（三）表现

症状会以身体出现问题来呈现，如，有些人长期感到身体疼痛、百般不适，经常去看内科，但各种检查结果都是正常的，这是通过身体不适呈现出的防御。不适也会出现在心理层面，如强迫性神经症的重复、囤积；抑郁者的情绪低落、无兴趣、无意义感、乏味、空虚、无聊、悲伤；焦虑者的心烦、奇怪的冲动（想打人）、莫名恐惧、躲人、不安、心慌、紧张；人格问题者的易激惹、易怒、易受伤、冷漠、贬低等。

强迫性神经症者内心总是矛盾、犹豫、不确定，一遍又一遍地重复是因为内心有质疑，如经典强迫症案例中的来访者"鼠人"想让父亲死去其实是因为内心对父亲有爱。

创伤性神经症者喜欢回忆过往，见人就说。但他们的一部分记忆是缺失的，有些东西就是回忆不起来，需要经过很长时间的咨询后，才能慢慢想起来。他们生活中忘性比较大，并给人一种需要被照顾的感觉。

自恋人格者会有一种浮夸的、全能的感觉，如，有些成功的商人。有些人总是感觉心里很空，无法满足。还有一些人，以不和人沟通来否认自己有联结的需要。

边缘人格者会因某些心理领域功能失常而出现情绪不稳定，容易冲动，内在处于全好或全坏的分裂状态。他们主要或唯一的情感是愤怒，内心有许多的恨或破坏性。当他们情绪太强烈、无法控制时会自伤甚至自杀。

二、癔症：虚幻迷局

精神分析始于癔症，弗洛伊德最初对一些情况进行了思考：为什么人会忘记过往重大经历？为什么视力正常却看不见东西？为什么没有神经系统的损伤却瘫痪了？有些人从来没有癔症发作，却充满了癔症驱力色彩。通过对这类来访者的观察，弗洛伊德了解到人的正常和异常情感相互转化的过程。

（一）原因

人们的大脑兴奋过度时产生的负担需要消耗，它会使人多动、不能静坐、走来走去，如，儿童表现出的多动。癔症还与俄狄浦斯期的固着和性别认同有关。如果一个家庭里母亲很弱势或与孩子经常争吵，父亲脾气暴躁、喜欢控制、说一不二——就是说，母亲失功能，父亲自恋，这样的家庭中的女孩易有癔症。癔症的促发因素包括神经疼痛、麻痹、癫痫样抽搐、慢性呕吐、厌食、视觉紊乱、反复幻视等。目前，几乎没有因疼痛、抽搐症状来咨询的来访者，有呕吐、厌食症状的人会第一时间去综合性医院看病。

（二）表现

癔症者一般爱表现，情绪亢奋，会给人一种浮夸、肤浅、虚假、情感变化快速的感觉，如演员和政客。他们总是不满足，表现为渴望爱情，索要关注，会不顾一切地追求理想，用表演来展示自己，使他人着迷。他们有时会有解离症，出现神游。

有些女性会成为他人想法的代理人，而将自己的想法藏起来，这样似乎自己就没有不足了。有些人通过模仿她认为完美的女人来让自己变得完美，有时会幻想将模仿对象的恋爱对象变成自己的，或找一个高自己好几个阶层的人做伴侣，幻想中这不会让人失望。有些女性的伴侣是军人、地质勘探者，这样可以保持距离，因为她们认为一旦经常在一起，伴侣的不足就会显现，从而让人失望。有些人通过他人来展示自己，愿意牺牲自己。这是为了取悦或满足癔症所想象的"他人"，自己因此很想做出一种禁欲式的牺牲。如，安娜·欧创建了一个慈善组织。

男性癔症者付出爱是为了得到爱，想要得到每个人的爱，会同时谈好几个女朋友，这是表达对女性不满的方式。有些男性通过性无能强化自己的失败，还有一些男性的性无能是对母亲潜意识要求的回应。

（三）防御机制：压抑、性欲化、退行、解离

弗洛伊德认为压抑是癔症的主要防御机制，因为遗忘在这些人中极为普遍，同时这些人又有一些"记得"感。有些人记起的内容是幻想，是欲望、恐惧、痛苦情感的压抑。他认为女性癔症是因为性冲动的压抑，没有疏导和满足，一些人将压抑的冲动转化为身体问题。压抑性欲，是因为它是危险的，也是禁忌的。当这些人恋爱时，会表现出性诱惑（压抑的反向形成），但对自己表现出的性色彩一无所知。在咨询中，当这些来访者被告知性暗示的存在时，她们往往会很震惊。

有些人一旦感到不安或恐惧就会弱不禁风，会通过退行避免进一步痛苦。这也会给人一种浮夸的不真实感。

（四）治疗方法

电击是最早的治疗方法，临床观察发现对住院癔症者使用该方法没有效果。此外还有催眠，它只能解决一部分问题。精神分析是对癔症最有效的疗法。

（五）癔症的形式

转换性癔症是以躯体表现来呈现想法带来的兴奋，表现为最初和情感相关的想法，现在不再激起情感，而只是身体难受。正常心智的人在心灵休息时，会有一系列的想法出现在意识中，但没有在记忆中留下痕迹，也不可能在以后的自由联想中说出是怎么发生的。如果一个观念在最初伴随着强烈的情感，当它再次出现时，情感会以不同强度恢复，这个观念就会清晰地出现在意识中，这样随着情感的表达，症状会逐渐消失。

运动性癔症是指大脑达到兴奋的最大化时，躯体肌肉运动表现为最大用力程度的角弓反张、乱踢、来回猛烈摆动的阵发性痉挛，这些发作不是癫痫疾病。

创伤性癔症是由早年经历中的各种创伤引起的，来访者在咨询中经常说忘了、不记得了，这是因为无力面对曾经的痛苦。

青春期癔症是指个体带有性欲成分的想法被压抑了，会认为这些与性欲相关的想法很肮脏，影响名誉，会在意识中压抑性欲，使之成为潜意识。如，在未婚成年女性中，因为害怕性，身体的性兴奋里会夹杂着焦虑。

（六）癔症的特征

最常见的是自我暗示，如，一个来访者每当感到难受时就去看内科，但医生认为来访者身体没有问题，周围的人也认为来访者是正常的。来访者的难受是他真实体验到的，是来访者暗示自己会难受，难受就真的出现了。此外，兴奋过剩会引起运动方面的问题，如多动症。

癔症的独特特征是为别人服务，无条件信任他人的想法，把自己的意愿丢在一边。这在咨询室里比较常见，主要表现为自我忽视、长他人志气、愿意为伴侣奉献出自己的一切才能，并为对方拥有地位和名声而感到开心。

（七）癔症和自恋的异同

相同：都有自尊缺损，渴望关注，将别人理想化或贬低。

不同：癔症者的热情是因为自身有担心，自恋者的热情是在利用别人。癔症者对异性的理想化是防御恐惧，如"他是好人，不会伤害我"，自恋者会直接贬损恋爱对象。咨询室里，癔症者会配合，自恋者不会顾及咨询师这个人。

（八）移情和反移情

移情表现为来访者有时会认为异性咨询师在挑逗自己，也会有爱上咨询师的假象。有些来访者愿意接受咨询师，咨访关系容易维持。有些来访者很难产生移情，受到一丝丝微弱的刺激就会崩溃，极度痛苦时就会脱落。

反移情表现为咨询师会付诸行动，如直接给建议等，还可能体验到威胁感、诱惑感、疏远感。

目前，对于癔症大家提得比较少了，我们对癔症的认识似乎依然停留在一百多年前弗洛伊德的研究层面，咨询室里即使遇到癔症来访者，咨询师也更多地会将其归类为创伤、自恋或边缘障碍。

三、抑郁：伤痛与防御

这是大家比较熟悉的状态，不管是理论还是技术方面，都有很多的讨论。我们每个人都出现过抑郁状态，"我抑郁了"已经成为大家在压抑下的口头禅了。飞奔到地铁站，眼睁睁看着车门关闭，哎，又迟到了。但这种不愉快很快就过去了，不会停留太久，这些情绪属于一过性的，是正常的。有的人面对丢东西、丧失、错过时，闷闷不乐的情绪会一直持续着，有时会持续几个月、几年，甚至数十年。这些人会表现为经常为过去伤怀，丢不掉回忆，思考缓慢，半天没反应，记忆力也不好，脑子好像迷迷糊糊的。这些人有时会因空虚无聊而郁闷，有时会因能量丧失太多而头疼。这些就是我们说的抑郁了，是出现问题了，也是咨询室里比较常见的情况。

（一）原因

抑郁最基本的特点是失去了爱自己的好客体，如，在来访者幼小时，母亲出差了一段时间，导致来访者缺失了母爱，或是因从小失去父母、过早离开母亲、性或身体遭受虐待而留下了心理创伤。这些人遇到挫折会退行到口欲期，如，不开心就吃东西。有些人获得成功反而会失落。有些人将世界视为空荡的、贫瘠的，这些人相信不会有人提供什么有用的东西来滋养他们。

对此，不同人有不同的看法。弗洛伊德认为他们是将愤怒转向了自己，而同时代的亚伯拉罕则认为是当前的失落活化了童年期自尊所受过的打击，克莱茵认为处于忧郁心位时发展上的挫败导致了抑郁，爱德华·比布林（Edward Bibring）的观点是抑郁是自我在理想与现实之间的拉锯带来的，约翰·鲍比（John Bowlby）认为抑郁是失落活化了来自不安全的依附关系的不被爱与被抛弃的感觉。

（二）防御机制

常见的防御机制是压抑、向内攻击。抑郁的人看起来是顺从的，愿意做出自我牺牲，有时表现出不需要别人，一个人退缩在孤独的自我中，独自忍受着痛苦。如，有些抑郁者，当你邀请他出去走走时，他会拒绝。你越用力拉他，他越会用更大的力拒绝，就想一个人咀嚼痛苦。有些人经常喝酒、吸烟等，是因为退回到了口欲期。抑郁者经常处于矛盾中，他们期望与某个人建立亲密关系，同时又惧怕这种期盼会被拒绝，常常感到被自己想靠近的人憎恨和迫害，而不是感受到被爱着，所以就放弃了自己，觉得是自己不好，攻击自己，在生和死之间斗争着、消耗着，也在独立与依赖之间纠结着、痛苦着。弗洛伊德认为抑郁的人谴责的自己一点也不像他本人，而是像他深爱的人曾经爱的或应该爱的人。

（三）表现

抑郁者会经常情绪低落、无精打采、闷闷不乐、愉悦感比较低、开心不起来，有时会无助无力、空虚、没有活力、不想动、兴趣下降，同时会自尊心低、敏感脆弱、没有价值感，有时会过度黏人。有些人喜欢睡觉，有些人则是失眠、睡不着、消瘦、食欲不好，常常疲惫、浑身疼痛，但各项检查都很正常。严重者会出现性欲增强或减退的状况。

对于来访者中的抑郁者，咨询师需要直接询问其是否有过自杀行为或自杀的想法。对于自杀，弗洛伊德认为自我只有在把自己当作客体的情况下才能够杀死自己，他假设自杀是一种被置换的谋杀，就是将意图毁灭内在客体的欲望引导向自身。卡尔·门宁格（Karl Menninger）认为自杀有三个欲望作为动机：①想杀人，②想要被杀，③想要死的希望。还有人认为自杀是一种退行，是想要与丧失的母亲重聚。

（四）咨询

抑郁来访者的咨询目标，是需要咨询师和来访者一起商讨的。早期需要来访者对咨询师产生理想化移情，主要是咨询师和来访者建立好关系，维持住咨询联盟，保持稳定的框架。抑郁来访者有许多负性情感，会一直抱怨自己不行。来访者的抱怨就是在告诉咨询师，咨询师要在场，要允许来访者抱怨。此时，咨询师接受来访者的抱怨，就是作为来访者内在的客体在那里，来访者才不会那么害怕。当关系稳定后，咨询师需要协助区分来访者的抑郁是来自早年的影响还是后天的身体疾病，慢慢了解抑郁者自伤、自残、自杀、成瘾等行为的细节和源头。通过探讨来访者自伤的促发因素，咨询师使来访者慢慢了解到他伤的是"那个人"。如，一位来访者在咨询开始时提到自己很想死，一个人在江边徘徊，却没有足够的勇气跳下去。咨询一段时间后，来访者回忆起自己小时候，母亲要去上班，将自己送去外婆家，他感觉自己好可怜，不明白母亲为什么那么狠心，可以不见自己的孩子。来访者开始哭泣，这样的哀伤持续了好久。后来，来访者觉得自己好多了，可以和母亲有说有笑地聊天，但就是感觉亲近不起来，有距离感。来访者联想到他小时候在外婆家时，每当母亲要离开时，来访者就会隔着门缝一直看母亲，直到她一点踪迹也没有了，还是不愿意离开。来访者第一次回忆这个画面时，只把它当作一个场景，没有想法、没有感觉、没有心情，什么也没有。过了好久，来访者再次描述这个场景时，声泪俱下。来访者也说不清楚，就是难过，就是伤心，就是想哭，来访者一直哭、一直哭、一直哭。下次咨询时，来访者说他这几天都在哭，也不知道哪里来的眼泪，就是流不完。这样又过了一段时间，咨询师有事情迟到了几分钟，来访者冲咨询师发火，说咨询师忽视他，他一个人在咨询室里很孤单，他好恨咨询师如此冷漠。咨询师意识到来访者这是将自己移情为早年的母亲了，咨询师对此做了解释，来访者联想到自己一直不能恨母亲，是因为害怕真的再也见不到母亲了。慢慢地，来访者能够表达对母亲的恨了，来访者感觉自己一直很幽暗的心底有微弱的光散出来，那一丝微弱的温度让他的心不再那么冰冷，好像和母亲有了一丝微弱的联结感。

对于抑郁来访者来说，短程的咨询能够使来访者理解和接纳差的、无价值的自我，缓解压力。长程咨询可以使来访者人格发生改变，解决冲突，处理攻击和哀悼，联结回忆与情感。

如，一个来访者说他的母亲对他很好，他是在说目前母亲对他的好，一开始在他回忆中的母亲也是好的。慢慢地，这个来访者开始诉说他外出上学时因母亲不在身边而悲伤。母亲没有很好地照顾他，来访者就会去掉对母亲的理想化，同时能够表达不满，显露攻击性。

咨询是要帮助来访者创造一个客体，而咨询师和咨询室就一直处在来访者失去的童年的客体位置上。这里，也是使来访者和内在失去的客体产生联结的地方，因为抑郁者失去了爱的能力，而又说不清楚失去了什么，是无意识的，咨询是在帮助来访者重新拥有失去的客体，咨询本身对来访者来说也是一个客体。这个客体能稳定地存在着，当来访者再次自责自己无用时，咨询师可以说：你内心的一部分在责怪自己，另一部分想要离开这个部分，就像有一棵嫩芽在冒头。这里，咨询师是想尝试将来访者摧毁的部分与萌发的新的自我部分进行联结，使这两部分能够接触，成为好朋友，可以拉拉手。慢慢地来访者就能感受到这种接触，就不会有那么多无力感。有些来访者在这个当下就能够体验到自己能够抬起头了，而之前是在泥泞的狭道里趴着。从趴着到可以抬起头，代表来访者成长了。

四、恐惧：非凡紧张感

日常生活中，我们去动物园里，看到凶猛的老虎靠近时，会恐惧地叫起来。有些人站在悬崖边上，就会恐惧得双腿发抖，闭上眼睛，不敢往下看。这些都是一过性的，是可以接受和理解的，是合理的，是绝大部分人都会出现的状态，是正常的。

如果来访者说他就是不敢去人多的地方，害怕周围的人会看到他哪里不对而评判他、议论他。还有人说一到空旷的地方就紧张，手心冒汗，不知道为什么。这些人内心的冲突被压抑了，是有问题的。

有时咨询师要检查来访者说的害怕是否真实存在，即要初步评估一下来访者的现实能力。如，来访者说害怕出门，担心外面人太多会有人想杀他。这是幻想，是需要住院或吃药治疗的。还有一些人是因为服用的药物里有致幻剂，致幻剂引发的幻觉让他们产生了恐惧，也有些是因为一些疾病引起的，如中枢神经系统疾病、大脑肿瘤等。这些需要在咨询的开始去了解和评估。

（一）特征

这些人会害怕具体事物或特定的对象，如高处、蜘蛛、蚂蚁等。社交恐惧一般是指某些人或某种场合让人恐惧。这些感受会不断地反复，也因此这些人会有预期性焦虑，就是一想到这些就恐惧不安。有些人因愤怒失控想要瞬间将愤怒倾泻出来，同时会因管控不住自己的情绪而恐惧，这就是比昂说的"崩溃的恐惧"。

（二）表现

这些人在恐惧时身体会出现症状，如心跳加快、头晕、冒汗、发抖、濒死感。他们在心理上的恐惧感平复后会感到不好意思。那个当下只有恐惧，其他什么也没有。他们说起来会感到羞愧，埋怨自己怎么会那样，同时也希望改变，因为这些反应影响到自己的生活和人际相处了。

（三）影响

经常恐惧的人创造力会受到抑制，同时判断能力会下降。如，大街上突然有两个人大打出手，有些人面对这样的突发事件时会感到慌张、不知所措，甚至僵了一会儿才缓过神来。恐惧也会使人做事情变得畏首畏尾、没有勇气、退缩、无力。有些人社会功能减弱，如职业的选择面变窄，只能做种类有限的工作。如，恐高者不能做飞行员、空中乘务员、高楼的建造师、高架线的搭建师等。

（四）原因

有些人无明显诱因，莫名地就会恐惧不安。有些人是因为压力或失落，面对事情或人际感到不自在。一个人在早年遭受各种威胁（如"不要你了"）、惊吓、虐待（如挨打）或过早和父母亲分开的创伤等都会诱发恐惧。对于有些 17 岁之前父母就去世了的青少年，这些恐惧风险会增加。神经科学的研究显示，在恐惧发作时，大脑皮质区会出现变化。

（五）不同人的观点

弗洛伊德认为，恐惧来源于俄狄浦斯期的阉割恐惧。例如，在"狼人"案例中，来访者最初的恐惧对象是狼，这实际上是对父亲阉割威胁的一种象征性表达。在意识层面，狼人并非因父亲而恐惧，而是因为狼。对小动物的恐惧，是因为小动物被视为潜在的竞争对手，象征着其他可能出现的小朋友。还比如，小汉斯怕被马咬，不敢出门。这背后的心理动机是小汉斯希望父亲出局，以便自己和母亲独处。后来小汉斯甚至希望父亲永远离开（死亡的愿望），这导致小汉斯不敢出门，这是因为小汉斯目睹了原初场景。

克莱茵认为对动物的恐惧，是对抗与食人幻想有关的焦虑的防御，是将食人幻想投射到动物身上。食人幻想是潜意识的，在偏执—分裂位，婴儿在挫折和焦虑时，会想要将乳头与乳房咬碎吃掉，这是向外投射的破坏性冲动。这些有时在最初表现为口腔攻击，同时害怕被严苛的超我吞噬。幼儿恐惧表现为进食困难、梦魇，这些置换为经常感冒、拉肚子等。侵入感带来的恐惧，在幼儿幻想中表现为进入母体并控制母体，同时害怕反被母体控制。如妻子想要小孩却无法完成性生活，因为恐惧丈夫侵入。再如幽闭恐惧，是害怕被母体监禁。

（六）防御机制

恐惧常通过置换显现，如躯体化，是为了忽略心理问题。大部分情况下，人通过投射来保护自己，如婴儿因感知不到母亲存在而恐惧，在母亲喂奶时婴儿会咬乳头，是婴儿将这个恐惧投射给了乳头，想要惩罚它。恐惧的人常常回避使其恐惧的人和事情，如不出门、不见人。在咨询过程中咨询师如何找到这些防御机制，使来访者从恐惧中解脱出来呢？

咨询师可以尝试对来访者说：我知道这对你来说不舒服（害怕、恐惧），能告诉我你是在什么情况下出现这种感觉的吗？通过这样的手段去了解恐惧背后象征的意义，来访者一般会愿意去讨论。当有些来访者的象征功能被抑制、没有办法使用时，咨询师可以尝试让来访者描述一些让他恐惧的、害怕的、不安的细节。如，来访者说怕坐飞机，咨询师可以让来访者联想坐飞机能想到什么，一个来访者说坐飞机会出事，另一个来访者说坐飞机可能会死人等。另如，一个害怕在众人面前发言的来访者在两年后的一次咨询中说自己对此的联想是黑脸包公，从而引出了"要符合规则，出错会受惩罚"的想法，逐渐地，来访者联想到自己其实是害怕被母亲打骂。

（七）预防

恐惧影响着人们的生活，我们从婴儿期开始就需要照顾者的悉心投入与呵护。到了青少年期，父母需要理解自己的孩子喜欢与同龄人玩耍，喜欢探险，喜欢户外活动，这些是这个时期正常发展的一部分，应给予支持。成年人则可以经常参加一些好朋友的聚会，培养自己的爱好，维护和谐的家庭关系。如果总是出现心烦等慢性焦虑心理状况，需要尽早接受心理咨询。

（八）咨询

咨询的方法包括行为疗法、认知疗法、催眠疗法、同质团体等，而有根本效果的是精神分析。咨询过程中，不是所有人都会在一开始就主诉恐惧，有些来访者会在咨询进行一段时间后，告诉咨询师他有一天就要入睡时突然心慌，呼吸急促，非常恐惧。有些来访者会主诉见人紧张，或总是走不进爱情。亲密关系的问题，一部分是对性和异性的恐惧。一部分来访者的主诉就是恐惧，如见重要的人时会手抖。咨询师先要协助来访者觉察和表达不安，识别相关防御。咨询师要帮助来访者克服预期恐惧心理，使来访者感受到这些恐惧的感觉只是某些事物的再现，是幼年的一些被部分压抑的经历被重新激活，需要找到这些源头，严重者需要一边服药一边进行心理咨询。动力流派咨询情景会激发来访者的被羞辱感从而引发恐惧，咨询师要对此有感知。

五、强迫：爱恨纠缠

有许多人研究强迫，大部分人也都有些强迫相关的习惯，我们对此一点也不陌生。一说到某人喜欢强迫别人，人们通常不会有好感，甚至会感到排斥。然而，适度强迫者在社会层面的形象是好的，是被大家接受表扬的。这个好的形象是压抑自己攻击性的结果，在无意识中带有死亡焦虑。这就是爱和恨的冲突。如，一个好教师以温暖的爱友善地对待学生，但在放学后总会被焦虑笼罩，一直在担忧他是否会开车碾死一个学生。这就是强迫性的冲突。来访者有时会担心有不好的事情发生在自己爱的人身上，会一直斗争。如，一个来访者一直担心他父亲身上有什么不好的事情发生。这一方面是对父亲的爱，另一方面是他对父亲死亡的期望，这里的强迫思维来自来访者强迫性的欲望，希望父亲死去同时又很爱父亲。爱和恨这两种冲动在一个人身上是混在一起的，他需要找到一个出口，即他的症状。弗洛伊德认为症状就是一种妥协，来自爱和恨两种冲突的妥协。

（一）表现

这些人道德感强，注重细节，强调规则，要求完美，过于投入工作，无弹性，反复质疑自己的想法和行为，停不下来，如审计人员反复核对账目，很多时候就是行为上的强迫表现。这些人几乎没有娱乐，就事论事。大部分人都同时有思维和行为方面的强迫，少部分人有单一方面的强迫，这些无益的、停不下来的重复使他们焦虑。如，有些人出门后要再回家几次确认门是否锁好，买东西后会反复质疑其是不是值得的。

（二）特点

强迫者经常自我怀疑，追求完美，经常否决自己刚刚产生的想法，质疑想法太草率。深层原因是为了获得父母的认可，这是他们在幼年缺乏的，他们需要做到极致才能获得父母关爱，这样让他们很难满足于自己的成就。这些人如果处在家长的位置，会苛责家人，如吹毛求疵、盯着孩子的缺点。如果他们无意识将自己当成孩子就会苛责自己，会迎合家长或权威，从而给身边人一种虚假感。这是用反向形成来隔离情感，他们看起来顺从，避免给人易怒的印象，其实这些人没有弹性，过于理性，又担心犯错，凡事犹豫不决。这些人口头谈"应该"，用一种坚定的信念来指导自己，做事会取得高成就，以此摆脱折磨自己的超我。当被人亲近时，他们会因为深层的恐惧而失去控制，会有一些敌意的、残酷的、有攻击性的想法。当这样的想法受挫时，会出现憎恨、报复心理。

失去控制会给强迫者带来深层的恐惧，因为强迫者拒绝承认别人可能有更好的方法，会在关系中僵持不下。来访者若不相信咨询师能解决自己的问题，便会决绝地离开。控制别人是深层的担忧，担忧提供的滋养不安全、不稳定，随时会消失。如，来访者深陷痛苦，不想说话，不想做事，就想躺平，想结束咨询，认为自己对自己的状态无能为力，找其他人也没有用。咨询师对此解释说，来访者不相信自己也不相信别人，是在担心内在的一些像毒气一样的东西出来了，伤到别人，别人会报复，同时来访者又不想自己受伤，于是就困在那里了。也许尝试让毒气出来一点点，自己受的伤痛会轻一点。来访者随后讲起，自己投入一段关系是想获得认可，想被看见，想要价值感，得不到时就会一蹶不振。

（三）原因

强迫者早年曾经历过创伤，有各种不好的经历，如被责骂，早年未被充分关爱，得不到足够的重视，父亲冷漠、疏离等，这些会促使强迫者自我怀疑。过早担当责任带来的压力，以及父母过度关注等会带来与父母的权力争斗，有些是俄狄浦斯期的退行。科学研究显示，强迫者的大脑白质有所减少。

拉康认为强迫是母亲过于宠爱孩子造成的，这样的孩子在与母亲相处时过度沉溺于享乐。而正是这种过度享乐，使强迫者觉得他所做的一切都难以达成。

弗洛伊德认为，强迫与肛欲期固着有关。如，幼儿如厕训练过早、过于严格，或总是遭到干涉，就会表现出过分清洁或不洁、守时、固执、金钱上过于大方或吝啬等。

（四）防御机制：反向形成、合理化、理智化、抵消

有些人表现为反向形成，如，领导今天和一位新同事握手，他们也会和这位新同事握手，握手时会用力，将不满与嫉妒转化为有意识的爱。有些人使用抵消来保护自己，通过潜意识的赎罪来支撑自尊，如，一位来访者内心时常会有让母亲去死的念头，来访者就通过将自己的工资几乎都交给母亲来赎罪。有些来访者坚信自己脑子里的想法像真理一样绝对正确，于是通过将这个想法合理化来避免面对内心真正的冲突。强迫者凡事都会找一个自认为符合道理的借口来进行理性呈现，以回避情感。

（五）咨询

对于强迫来访者，咨询的早期重点就是共情，在咨访关系稳定后再对防御进行面质，从而进一步在攻击和性的冲突方面使超我弱化。咨询师需要以温和、不批判的态度，使来访者慢慢体会恶意的行动、感觉、想法与行为本身是不一样的。在稳定的咨访关系下，性是可以讨论的，来访者可以慢慢意识到，性是被允许说出来的，之前是来访者内在有些禁

令在约束着。

在咨询过程中，有时来访者会有不明确感，如，无法在意识层面描述自己的记忆，如果此刻咨询师重复刚刚来访者说的话，来访者会说："是吗？我不记得了。"这些来访者会对咨询师的提问很敏感，因为提问会激起侵入的感觉，会使来访者担心有不好的事发生，所以会将咨询师的描述感觉为在提问。这些来访者在和人相处时有许多内心戏，表面却很平静，咨询使来访者意识到自己内心的想法阻隔了自己和其他人的交往，慢慢来访者会吸纳新的经验，打破僵硬的人际相处。如，来访者会说自己字典里的检索码是颠倒的，当来访者认识到自己和父母的相处是自己处于大人的位置，而父母像小孩一样在斗嘴时，就会扭回正轨，变得灵活，此刻来访者感觉自己字典里的检索码变为正常的了。有些来访者会以很隐晦的方式表达对咨询师的攻击，如"我想用手碰一下你"，来访者想表达的是想给咨询师一拳，是在表达敌意但又担心报复。当咨询师能够和来访者一起探索这些时，来访者就会慢慢放下戒备，体会到即使攻击了咨询师，咨询师也不会被击倒，重要的是不会报复自己。一次又一次地体验这些新的人际情感关系，逐渐地，来访者的人格结构和态度就会发生变化。

咨询师要鼓励来访者体验和享受情感的有效表达，不需要来访者觉察和表达情感。如，咨询师会说："刚刚你说你想尽快完成作业，只想快反而没有仔细看题，结果错了许多，如果慢慢做你会担心吗？"这样，来访者就会开始思考快与慢之间的关系。通过与咨询师相处，来访者慢慢了解到，别人不像自己那样严苛，接纳自己的程度远比他们想象中多，此后来访者就会慢慢接纳自己。来访者也会慢慢领悟到，自己的攻击敌意是来自幼年，会尝试接受。如，来访者认为明明是男朋友有事情想要挂电话，却用让来访者去照顾父母当理由，好像是来访者有事才要挂电话，她认为男朋友这样好傻。咨询师一般会说："你认为自己比男朋友聪明，你能够识别出男朋友的真实想法，你认为男朋友这种反着来的行为很虚假，男朋友拿你当傻子，你觉得不服气，不能接受自己是弱势的。"有时来访者对自己很严苛，咨询师会说："你没有你想的那么差。"当来访者感觉咨询师严苛（移情）时，咨询师可以直接说出来，让来访者清楚地看到，自己此刻有不满，是因为在失去一些渴望的东西，探讨这些会让来访者慢慢接受失去，这部分会慢慢修复。

（六）强迫症

强迫状态持续加重，就会发展为强迫症。强迫症来访者的主诉一般是：①仪式化行为（如检查或清洁），②强迫性思维，③前两者的混合。在形式上有两种：一是思维方面，表现为反复出现的矛盾想法；二是行为上的仪式化，必须完成某种行为后焦虑才能缓解。对于强迫症的处理首先是要澄清，使来访者清楚自己不断重复的想法是没有事实依据的，只是自己脑子里的想法，自己将这个想法当成了现实。强迫症患者可能存在某些大脑区域的体积变化或功能连接异常，存在需要手术治疗的可能性。一般伴有抑郁、恐惧、焦虑、厌食、贪食、口吃、抽动、颈痉挛、书写痉挛、紧张性头疼、胃肠问题、觉察人际关系的认知能力匮乏等。如，一个强迫症学生认为老师是知道他的想法的，认为脑子里的假设已经大声地向老师说出了他的想法，只是没有发出声音。有时他在内心想着，他此刻走上讲台拧断老师的脖子也会相安无事，但同时又会浮现出另一个想法，要让自己必须去做些什么来阻止这样的事发生，这些想法使来访者很痛苦。这里本我有攻击性行为的冲动，超我在阻止冲动，自我很难受。

强迫症表现为反复出现的不快乐、仪式化行为、拧巴、有想要摆脱又摆脱不了的焦虑。强迫状态是自我能够接受的，不一定会有困扰，有些人终身都处于这种状态，伴随回避、依赖、被动攻击等，高成就的强迫者一般自己没有烦恼，反而身边的人会因其高要求而有不适感。在治疗方法上，强迫症一般需要服用药物，可以用认知疗法、行为疗法、放松疗法、催眠疗法、精神分析等方法。对于强迫状态，精神分析比较有效。

六、自恋：生存的依托

我们每个人都是自恋的，没有自恋的维持我们无法存活，连小婴儿都无法吃奶。自恋对每一个人都是如此重要。在生活中，自恋几乎成为人际间表达不满的口语，"你好自恋啊"这样的表达或许有多层意思：你是自私的、你不对、你要为我考虑等。自恋，始于一个希腊神话故事，即纳西索斯爱上了自己的水中倒影。自我欣赏，自我陶醉，自我满足，不考虑自己的实际情况如何，这只是自恋表现的一部分。还有一些金融、政治等领域里的成功者，能够维持住自恋、自大的部分，同时备受尊重。

（一）自恋的基本介绍

1.定义

自恋是指自我爱恋，是一个人爱自己的态度，如注视、轻抚、爱抚，直到全然满足。自恋是心理发展的一个阶段，是正常恋爱生活的重要部分，是人类的一个稳定结构。克莱茵认为自恋从出生起就存在着。安德烈·格林（André Green）认为，自恋是由力比多和攻击性结合在一起的对自体的投注，是正常的。

自恋维持着每个人的生活，使我们的生活有动力、有活力，可以去寻求满足。正常婴儿的自恋意味着使用与年龄相称的满足方式来满足各种需求，是一种本能。如，口欲期的婴儿什么都想吃，如手指、头发、衣角、碎纸、钥匙等。成人的自恋里依然有婴儿期的自恋状态，就是自己认为自己是有无穷能力的，没有什么是做不到的，如果成人还在使用婴儿期的自恋，是自我匮乏的呈现，是固着在婴儿时期的体现，是一种重复，是有问题的。

2. 表现

自恋的人爱美，喜欢光鲜亮丽，能够维持长久的关系（如，稳定的恋爱关系），会表现出同理心，对别人及其想法有兴趣且愿意了解，有时稍不如意就会感到不好意思、羞耻、丢脸，也就是平时说的"有一点风吹草动人就倒了"，需要花费一段时间才能恢复元气。自恋的内在表现是整合了的自我体验，是一种无所不能的感觉，有愉悦的满足感，能够自我肯定，会充满爱意地抚摸和欣赏自己的身体。

3. 原因

　　正常自恋的产生源于将力比多投注给自我，这也使生命得以存活。投注于自我的力比多有一部分被分配给了客体。如果已经分配出去的力比多又从外界撤回到了自我，往往是这个客体让自我痛苦了。如，一个人不小心摔了一跤，感到身体疼痛，就会放弃对自身之外的兴趣。哪怕是热恋中的人，也都会将能量集中到自己的疼痛上。也就是说，这个疼痛的人将力比多投注撤回到自我身上，在疼痛状态下的这个人在别人眼中是利己的，是自私的。

　　在力比多的分配上，精神病人和新生儿分配给客体的几乎为零，大部分分配给了自我。恋爱中的人会将较多的力比多分配给客体，较少的部分分配给自我。

　　科胡特认为，小婴儿在发展期需要母亲给出回应，如果该有回应而没有出现并且这种情况频繁地发生，婴儿的自恋发展就会停滞，自体就会破碎。如，父母缺乏同理心，婴儿就会缺少理想化的榜样。就像树木长不好是因为缺少阳光雨露，若咨询师能够给予来访者阳光雨露，来访者就会好起来。

　　肯伯格认为母亲在表达对婴儿的理解时，需要告诉婴儿，母亲能理解婴儿的情绪。不过，母亲和婴儿不同，要展现有区分的理解。如果母亲夸大婴儿的情绪，与婴儿情绪不同调、不一致，那反而会责怪婴儿，长期这样，这个婴儿就会压抑自己，形成自恋人格。肯伯格觉得这不是结构的缺失，是早年结构的病态导致后面的正常结构不能发展。就像树木长不好不是因为缺东西，而是因为生病了，需要去除生病的源头。

还有人认为，如果一个小孩与母亲的自恋镜映无法被打破，如父亲比较弱势，就会变得僵化，不能进入三元状态，这是正常自恋与病态自恋的区分。

4. 特征

健康自恋是我们的一部分，并且能够起到自我保护的作用。这是一种内在的自我满足，在生活、工作、性、爱情、社会关系、兴趣等方面都使人满足和愉悦。这是因为健康自恋的内在心理功能是整合的、充满自信的、自我和谐的。它使我们能够满足本能冲动，如性、饥饿、依赖，同时也让我们感受到内化的重要他人的爱与欣赏。

正常儿童自恋是使用与自己年龄相当的满足方式来调节自尊和全能感，当自我力比多分配给了客体、理想、自我发展时，原始自恋（自我力比多）就会减弱。这是一个人能够发展出独立性的基础，也就是一个人从原始自恋开始向外拓展了。

正常成人自恋是正常的自尊调节，灵活性高，有稳定的客体关系，并且其本能需求能够获得满足。这里，自尊来源于残余的原始自恋、爱的相互性、理想的实现，这些可以使一个人拥有自我价值感，感觉自己是有用的、被重视的。如果一个人恋爱时，与另一半彼此相爱，那么自我力比多会减少，客体力比多会增多。如果这个人给客体的力比多过于多，就会变为所谓的"恋爱脑"。

5. 功能

支撑这种正常自恋的心理功能有两种。一种是恋爱，是自我力比多分配给了恋爱对象这个客体，这里，是将性客体当成了一个性理想。一个人能够恋爱是因为儿童时期的爱恋条件得到了实现，凡是实现那个条件的人都是被理想化的。明确地离开儿童时所爱的客体，进入与恋爱对象的相恋，这是正常发展的一部分，是俄狄浦斯情结的复活和与最初爱的客体的分离。找到性伴侣，将精神的性与肉体的性结合起来预示着一个人的成熟，同时也存在着理想爱和成熟爱之间的冲突。

还有一种是以爱来疗愈，找一个可以滋养自己的人来恋爱，自己感觉缺爱，而对方愿意将其力比多分给自己。有些人是将力比多过度地分给客体，致使自我力比多匮乏，这样将自我力比多肆无忌惮地挥霍，是想寻求重复自恋，还想拥有之前那种力比多还属于自己的满足感。就是我对你好，我照顾你、满足你，是希望你像我一样来回馈我、照顾我、满足我。而这往往只是一方的一厢情愿。如果两个人都想要对方来满足自己，就会有许多冲突，彼此指责是对方不爱自己。这些人受到挫折时自恋会变得脆弱或碎裂，进而产生焦虑。当这些人能够认识到自己对客体产生了积极的爱时，就会对抗自己的嫉妒，慢慢允许自己有不足之处。

6. 意义

我们生活的动力、活力、兴趣、与他人的联结都需要自恋，自恋是心理的基础元素之一。这些表现也反映了我们的自我部分已经解决了自我认同的问题，并将力比多和攻击性整合到了一起。在这个投注里主导的是力比多部分，因为力比多的主导地位是实现整合的前提。

弗洛伊德对自恋的研究推动了客体关系的发展，开启了新的领域，如，恋爱状态、性倒错、团体、精神病及正常发展，同时对依附与自恋进行了探索。影响了精神分析发展的研究有很多：科胡特的自体心理学中提到了理想化及镜映移情，与弗洛伊德的自恋型客体选择相似；温尼科特提出的环境母亲及客体母亲，来自自恋型客体选择和依赖型客体选择的区别；玛格丽特·马勒提出的共生阶段，来自原始自恋。自恋带给人们的思索是，依附形态与自恋形态，这两种客体关系形态本身具有无穷的发展潜力。自恋概念本质上包含一个视觉元素，就像纳西索斯神话。自恋客体在身体、身体形象以及具有某种真实或想象特征的人之间摇摆。自恋阶段是自恋神经症的固着点，自恋受损则与削弱个体自尊或减少被重要客体所爱之感的事物有关。

7. 咨询

在咨询室里，有些来访者会说些诸如天气、今天见到了谁、经历了什么事情等对咨询没有实质用处的琐碎内容，其实这代表其内心不愿意和咨询师有联结，不想有依赖的感觉，这样的来访者就处在无所不能的、自给自足的自恋里，这是来访者的自恋式防御。咨询师需要识别出是防御，同时使来访者理解到自己的成长是为了独立，当来访者慢慢察觉到咨询师身上有让来访者感觉到温暖的、好的方面且可以滋养自己时，就能接受自己的不足了，这样，来访者才能从依赖中剥离出来，自恋防御才能解除。如，来访者总是自导自演，自己在内心对"另一个人"产生想法，自己在内心对这个想法做出评价，这个评价让自己不舒服时就劝慰自己是对方不好，自己不与"另一个人"一般见识，好像在内心原谅了"另一个人"，而事实上那个让来访者产生想法的"另一个人"对此一无所知。当来访者想和那个让他有想法的"另一个人"产生联系，但又害怕被对方攻击时，就会用自给自足来防御，切断联系。咨询师需要在合适的时机去面质这些，使防御松动，这样来访者才能从自恋状态中走出来。还有些脆弱自恋者无法和内化的客体分离，当这些来访者能够对客体表达不满时，分离就会启动，他们就不会再对客体抱有不切实际的期望，就能走出自恋了。有些来访者对客体的恨没完没了，似乎客体充满毒气。还有些来访者不愿意面对对客体的依赖。这是自恋来访者对依赖的防御，咨询师需要在合适的时机去破除这个防御。

（二）爱恋与自恋——恋爱是健康的标志

恋爱是一个人心理健康的表现之一，恋爱本身就可以让人感觉良好，提高自尊，在有回应的恋爱中，过往的全能感可以在恋爱中再次呈现并得以实现。在一段满意的恋爱关系中自尊的提升，指向的是自恋力比多与客体力比多之间紧密联结，这可以治愈神经症的不足和爱的缺失，也是一个人精神健康的核心。而暗恋者是一个人在脑子里将力比多给了恋爱对象，对象却一点也不知情，这种单相思者的自尊会因受打击、失望而降低。有些人没有爱别人的能力，是因为能力被压抑了。

1. 婴儿期爱恋的条件

正常婴儿期的性客体是负责喂养、照顾、保护他的人，最初是母亲。这也同样蕴含着完全的满足，即婴儿期的完美自恋，婴儿想要什么就会得到什么的全能体现。如，当婴儿吃饱奶水时会露出满足的微笑。这种婴儿期自恋满足，全然来自客体。婴儿的性客体有两个，一个是婴儿自己，婴儿开心就笑，不需要客体就能自我满足，另一个是哺育他的女性。婴儿招人喜爱是因他的自恋、自满。婴儿不会在乎周围，只管独自快乐，开心就笑。如，猫和大型猛兽的魅力在于对人们的不在乎。

2. 婴儿期爱恋的特征

婴儿的性起初处于混沌状态，他在自己身体上寻找快乐和满足，如吸吮手指获得满足，这也是最低的性层级，只要求局部感官的满足，从自己身体获得满足。弗洛伊德称这个阶段为"自体性爱"，早于客体出现的"异体性爱"阶段。

这两个阶段的中间阶段, 性本能将个体的自我视为其客体, 自我意识也大约在这个阶段形成 (8个月左右), 个体表现得好像在和自己恋爱, 婴儿的利己本能还无法与其力比多愿望分离。如, 一个婴儿独处时满足的笑。这也是人类的一个稳定结构, 这个阶段就是自恋。婴儿能够将自己和母亲区分开来, 母亲能给婴儿带来欢愉, 婴儿对母亲会有念念不忘的依恋。

3. 成人爱恋的条件

弗洛伊德说:"恋爱中的人, 好比丧失了他的一部分自恋, 且只能由被爱来替换。"我们爱一个人, 是因为所爱的人够"完美", 情人眼中出西施, 我们的自我也想这样完美, 现在用迂回的方式得到, 以满足自恋。这是我们每个人都熟悉的方式。在咨询室里, 有很多来访者用这样迂回的方式使自己获得满足, 来访者认为自己爱的那个人是"完美"的、理想的, 如果和如此完美的人恋爱了自己也就"完美"了。这里, 当来访者将自己爱的那个人当作自己想要的理想时, 是来访者忘了自己本身也具有某些优点, 来访者就如自身的能力消失不见了一样。再如, 来访者认为某一类人很有礼貌, 见面会主动向来访者问好, 是因来访者不记得, 其实是自己先对他们示以礼貌的微笑的。

一个成年人一般爱上的是他自己的过去、现在、未来的样子，或是爱上的人身上有些地方曾经是他自己的某部分。这些弗洛伊德对爱恋的认识，直到现在依然被大家接受。就是说，一个人爱上另一个人，是另一个人身上有他熟悉的东西，从爱上的人身上感受到了某些特点，如能够安静地听自己说话，这点和过去某个时期的自己很像，自己曾经也能安静地听别人说话，只是现在的自己已经忘了。当爱的人出现时，个体留存在潜意识的这一部分再次被激活，以为这只是所爱之人的特质，和自己无关。如果和这个人沟通后，他会说："哦，原来我爱的人身上具有的内敛和几年前的我一样，那时的我也是内敛的。"

有些人在找对象时会选择一个女性养育者、男性保护者或这些角色的替代者。如，一个人爱上对方是因为对方会做他喜欢吃的饭；不开心时会尽心地安抚他、想办法哄他，直到他开心；这还不够，对方还要在经济上、社会地位上、视野上都让他欣赏。这完全是在找一个无怨无悔地养育婴儿期自己的像"理想化妈妈"一样的人。这个人的性别也许是男性，但身上要具备这些特质。如，女孩的父亲一直是安静的人，女孩找的老公也是安静的，在女孩的感觉中这样的安静意味着听她的话，这可以使她安心。有些女孩要找一个身高比自己高的另一半，认为这样有安全感，可以让她依靠，这是在找保护者。

一个人能够恋爱，是因为这个人有爱的能力。人们拥有的爱的能力包括发展的创造力，对"心想事成"能力的质疑，对幼稚性幻想的接受和面对，拥有给予爱和接受爱的能力。这些能力要求这个人足够灵活、适应性强。

（三）自恋人格——极度没有安全感

自恋人格是指个体因力比多的退缩而没有发展出正常的自我认同，是一种病态。如，来访者总是在说她的母亲面对客人时兴高采烈，与客人有说有笑，而来访者只是安静地待在角落里。如果此刻问来访者她待在角落时的想法，来访者往往会说不知道。这里，来访者表现出的是一种自恋退缩，来访者对于自己的感知是"没有、空"，因为来访者和她母亲处于融合状态，对自我的认同感没有显现。

1. 原因

自我力比多投注的力量滞留在内部，便形成了自恋人格。有些是因为父母误解或忽视，导致一个人经受过多的挫折；有些则是因为父母过度放纵或过度溺爱，使婴儿将脆弱分裂掉了，从而很难放弃自大全能感。这样，整合后的自我功能就出现了问题。

2. 特征

健康自恋是我们的一部分，表现为拥有爱、关系、工作。而有些非常成功的人，也许是自恋人格问题者，其最突出的特点是自大全能感，如非常成功的商人。这里说的成功是说这些人能够在自己和他人面前保持住自己的夸大自体，比如，大型企业带头人会被很多人认为是重要的、成功的人物，这种情况下可以看作他们的夸大自体被成功地维持住了，没有碎裂。

因为内在自恋缺陷，有些人在人际相处时以不沟通来防御，有些人总是感觉不满足，还有些人会否认联结，表现得很独立，是因为无法完成分离。如，一个处于恋爱中的人，当他生活中遇到不开心的事时会向对象倾诉，希望对象能够理解和安抚自己，这样的人需要对象能够时刻地、持续地满足他，使他自恋受损的部分能够得以修复。又如，不断换工作的人，会认为下一份工作才是自己想要的，有吸引自己的闪光点，一旦自己成为正式员工，原本期待的那些闪光的部分就变黯淡了，有时甚至完全不见了，于是他们开始对公司不满，继续找可以吸引自己的下一家公司。一旦自己拥有了，就觉得不好了；一旦公司有自己看不惯的缺点，就好像自己也成了有这样缺点的人。这是个体内在的自恋缺陷导致其无法区分自己是自己、公司是公司，极为想要的独特感被淹没了。这，就是边界模糊了，是一种融合。

3. 表现

这些人一般是冷漠的，不关心周围的事物和他人，好像一切和自己无关，带有明显的个人主义和利己主义色彩，他们孤芳自赏，以自我为中心，处事极端化。有些人当受到批评、遇到挫折或失败时，会表现出震怒、自卑、羞愧，有时会抑郁。如，忙着谈恋爱忘了周一上班要交的报告时，这些人会羞愧地想离开公司。有些人会拒绝婚外性关系，不是因为不想，而是因为在意自己的名声。有些人表现得很自满，听不进别人的意见，总是想要独特的、特别的、与众不同的感觉，但有时又觉得自己渺小、无用、无能，在理想化和贬低之间摆荡。有些人在自我评价时会变得界限模糊，以掩藏自己的不足。如，做自我介绍时分不清楚哪些是在说自己、哪些是在说别人，严重者年终总结也无从下笔。有些人难以区分幻想与现实，凡事凭主观想象。他们有时会幻想自己什么都不用付出就可以拥有想要的，甚至参与赌博。极端的人会找各种理由不去工作，一边要求身边人一定要理解他，处处为他考虑，一边却不停地抱怨对方对自己不好。当感觉被其他人观察或评价时，这些人会充满敌意，认为对方是在故意和他过不去。

4. 防御机制

自恋人格使用得最多的防御机制是理想化和贬低，有时使用投射、分裂、投射性认同来保护自己的自尊。如，他一定要在全球最好的公司上班，一旦最好的公司有某些让他不舒服的地方，他就会极为沮丧，这些人身上会有一种绝对化的夸大感。有些人会认为是别人不好，自己才如此倒霉，将错误投射出去，让自己依然保持优越感。如，工作出错时，他们会认为是领导没有说清楚，与自己无关。

5. 咨询

来访者有时会认为咨询师是他遇到的最好的人，有时又会责怪咨询师不专业，不能尽快解决他的问题，太差劲。有些来访者会感觉自己被咨询师羞辱了，会蔑视咨询师，想控制咨询师，要求咨询师按来访者内心的"想法"行事，按来访者的节奏进行咨询。有些来访者坚持绝对的二人关系，不允许第三方进入，如果他认识的人也是他的咨询师的来访者，他就会决绝地离开咨询师，他一定要待在"自己是最重要的"这种状态里。

咨询过程中，咨询师会感觉不喜欢这类来访者，厌烦、不想见来访者，会感觉自己是无用的，像一个被来访者使用的工具。咨询师最初要通过被来访者理想化来建立咨访关系，需要共情，整合来访者的内疚与关心、正向与负向情绪，同时帮助来访者区分自体与客体，走出融合状态。因为在来访者内心中，他是优越的，会对咨询师视而不见，这给咨询师一种乏味感。当咨询师感觉被来访者操控时，可以说："这让你不舒服了，当我撩一下头发时，你感觉我没有对你百分百专注。"有些来访者会对咨询、咨询师充满了恨，因为咨询会激起来访者内心的无用感，当有些来访者不能反思，好像没有内省能力时，咨询师会想放弃来访者。有些来访者需要身边人做一面他们期待的镜子，随时随地满足他们的需求，否则就会贬低对方，离开对方。这些来访者期待咨询师一句接一句地回应，否则来访者就会不满，认为咨询师无用。有些来访者会嫉妒咨询师，就想打败咨询师，他来咨询就是想要告诉咨询师，咨询师不如他。对这样的来访者，咨询师要让来访者能够面对自身强烈的嫉妒感，面对别人有自己缺乏的好特质这一事实，和融合分离。

对于自恋人格，咨询师要先对来访者自大和贬低的部分做工作，当理想化和贬低整合后，才能处理出现的俄狄浦斯期的冲突，处理来访者的负向移情和嫉妒。如，来访者一开始将自己父母有钱作为优越的资本，要去全球顶尖的公司工作，要找像她一样有殷实的家庭背景、有留学经历的人来做恋爱对象。一旦这些外在的条件满足了，来访者又会陷入被对方看轻的难受中，会困惑自己如此优秀，为什么公司或这些对象看不到呢？随后来访者就会离开这些地方和人，找下一个，不断地重复。咨询一段时间后，来访者慢慢感知到自己在有些事情上什么都不会却还趾高气扬，面对自己欣赏的男生时想从对方身上得到自己缺乏的东西。当来访者逐渐能接受自己有时是自大的，有时会自我贬低，有时也会被别人贬低时，才能整合理想化与贬低，接纳真实的自己。

（四）自恋的发展

当下的来访者中，大部分是自恋者，这和弗洛伊德时代明显不同。这促使我们对自恋做更深入的了解。

1. 弗洛伊德的观点

弗洛伊德一开始就说了，自恋是一个描述词。自恋是对自我力比多的投注，有些人从对他们自己身体的关注、欣赏、轻抚中获得满足感。这种对自己身体的态度，很像对待性伴侣身体的态度。弗洛伊德观察到精神分裂症患者有两个基本特征，一个是对自己过度重视的自大狂心理，另一个是对外界的人和事物兴趣的撤回。紧接着，弗洛伊德开始思考，精神病人的力比多从外界撤回后会发生什么？这也是现在精神分析探寻潜意识的途径——会发生什么？为什么会这样？

自大狂的产生是因为客体力比多减少，基于此，弗洛伊德提出了"原发性自恋"和"继发性自恋"。原发性自恋基于自我保护的目的，婴儿最初将爱的力比多投注在自己身上，此时婴儿尚未把自己和母亲区分开，这种力比多的自我投注即原发性自恋。如，歇斯底里者和强迫症者会瞬间切断与外界的联系，可是依然与外界的人和事有情感上的相接，自己却不知道，因为这些留在了幻想中，这是原发性自恋。一个人的自尊中一部分是婴儿期自恋的遗迹，是原发的。

随着发展，婴儿在 8 个月左右能够辨认出自我以外的客体，作为第一抚养者的母亲会成为婴儿爱的力比多的投注对象，这是正常健康的发展路线。如果这种向外界客体投射的过程遭遇到了挫折，力比多就会折返回自身，婴儿便处于继发性自恋状态，即病理性自恋，也就是婴儿将原始的冲动从外在世界的人或物中撤离回来，转向自我。痴呆症患者和精神分裂症患者的自大狂表现，是将对外界的兴趣完全撤回到自我。之前对别人和事情有反应、有回应，后来完全没有了，只活在自己的幻想中，和现实断开联系，这是继发性的。精神病人将撤回来的力比多再次聚集到自我之中，自大全能者通过自己的运作来处理转运回来的力比多，处理不了时，力比多就病态地堆积起来，他就成了无法区分幻想和现实的病人。

神经症是正常自恋和精神疾病之间的状态。他们是处于边缘的人，是非常脆弱的来访者，不是极度依赖别人就是极度防御对别人的依赖。依赖别人是求融合和共生，因为他们无法独自生活。如，来访者不想描述幼儿时母亲去世的场景，因为当来访者需要母亲，转身去找母亲却永远找不到时太痛苦了，以至于自己也不想活了，认为活着没意义。必须有人因为他们而存在，他们才能感觉活着，这种对他人存在的追求与成瘾有关。这些人一般有烟瘾、酒瘾或对某类食物的嗜好。如果因为身体不适，不能通过吸烟、喝酒、吃东西来缓解焦虑，好像生病禁锢了自己，他们就会责怪生病，埋怨这个病为什么不能快点好，但同时又不去看医生。有病可以"对话"也好过什么都没有，失去依赖似乎生命无法存在。而防御依赖者，退缩，不愿交流，只有独处时才是真实的自己。这些人与他人相处久了，会失去边界，自恋严重耗竭，存在感几乎消失。如，有些人在独处时，思路清晰，知道自己想要什么，如果和其他人相处久了，似乎就变得没有主见和想法了，但是又不接受他人的想法，就会拉扯着、消耗着。

自恋蕴含着客体关系，力比多从自我到客体，开启了客体时代。人们要想发展，力比多必须离开自我的第一位置，即抛弃婴儿自恋，抛弃自大全能幻想。一个人要想不生病，就要开始去爱。这和老人们经常说的"人们要成个家"或"身边要有一个知热知冷的人"有异曲同工之妙。

2. 安德烈·格林的观点

法国精神分析家安德烈·格林认为，正常的自恋里，不仅有力比多对自体的投注，更重要的是还有一种力比多和攻击性结合在一起的对自体的投注，这是正常情况。

正常的人是在已经克服了自我认同紊乱的危险后，将攻击性与力比多部分结合在一起，然后自我投注，才构成一种正常自恋。正常自恋力比多投注是以自我部分已经解决了自我认同为前提，这个投注里是力比多在主导，投注的是已经整合后的力比多部分与攻击性部分。

格林强调，严重的病理性自恋来访者对自己的自恋投注是攻击性投注，是攻击性部分占主导，破坏了这些人的人格和生活，这些人容易生气甚至暴怒。格林提出了消极自恋概念，消极自恋是以攻击性为主导的投注，朝向死亡，具有破坏性和毁灭性。消极自恋只有攻击性自恋投注，极具伤害力。在一些抑郁症患者、厌食症患者中可以观察到，这些人努力追求零水平，以虚无为目标。这类来访者，在咨询中需要大量的时间和耐心来唤醒生的驱力。而积极自恋是指向自我欣赏、自我实现的，尽管自私、以自我为中心，却是为生的驱力服务的。正常自恋投注包含整合的力比多与攻击性的投注，好和坏能友好相处。

3. 克莱茵的观点

对自恋研究的起因是弗洛伊德内在客体关系中提到的投射与认同。克莱茵认为"力比多撤回"是撤到内化了的客体状态，这一点与弗洛伊德不同。她认为不管来访者退行多深，都存在着冲突，客体的、部分客体的，没有真空。这样自我和内在客体发生快速摆荡，婴儿因感到他自己对客体的破坏而焦虑，这就是"死本能"。自恋是偏执—分裂位，是好和坏、理想化和偏执之间的对抗，自恋的人会经常担心别人会因为嫉妒而夺走他们拥有的，因此不会轻易说出已经知道的知识、消息、办法等。

咨询的核心是个体的自恋与非自恋部分的关系。清楚地意识到需要一个不受个体掌控的外在客体滋养，是原始自恋的基础，这与弗洛伊德描述的依赖性的爱有某些关系。这是意识层面知道自己需要另一个人主动地来满足他，因为他是那么的无助、无力，弱得连支撑呼吸的那口气都要没了。客体没有了，自己也无法生存了，同时否认自己依赖他人的这个事实。在某些来访者身上，对于自恋的理想化会以理想化死亡与憎恨生命的形式表现出来。如，来访者认为死是能让他安静享受的轻松事情。这一点，与格林提出的消极自恋相似。

4.科胡特的观点

科胡特对自恋的研究起因是弗洛伊德的一个观点："儿童因原初自恋而面临困扰，为了保护自己免于这些困扰而做出反应，及被迫做出这些反应所依循的路径。"科胡特通过自恋型人格问题的来访者探索了这些领域。

科胡特认为自恋如空气一样，是人生存下去所必需的，将自恋分为夸大性自体和理想化的双亲。夸大性自体需要得到自体客体的镜映，以获得自我肯定，处于这样状态下的咨询师好像是来访者心灵的万能胶，稍有不慎，来访者就会碎裂。来访者会将咨询师当作无所不能的人，他们希望通过咨询师来获得想要的活力，如果失望，就会暴怒。咨询师要找到来访者失望的原因，理解来访者当下的脆弱，再将这两者整合后告诉来访者。咨询师妥妥的就是了解一切的全能王，这是来访者投射的，咨询师要接受这个投射，而不是识别出投射。这一点与弗洛伊德不同。咨询师要让自己处于全能状态以滋养来访者，咨询师就像充满乳汁的乳房，来访者就像被饿坏了的婴儿。

科胡特对正常自恋和病态自恋做了区分，正常自恋发展包括客体的反应、理想化或融合，以及归属感和爱他人。这些获得了满足与适当的挫败，"自体"就会健康发展。

病态自恋是指，母亲共情不够或没有共情，导致婴儿自恋发展受阻，这形成固着，会给婴儿一种不安全感，婴儿就会在幻想中通过夸大来满足自己。如，因内在匮乏，他们会通过炫耀他们自己来吸引他人的注意。对于自恋者来说，周围的客体只不过是一个验证他们无所不能的工具。自恋型人格问题的实质就是自体结构的缺陷，即没有完成将夸大性的自体与理想化的个体整合成为现实取向的自我结构的结果。咨询室里，来访者需要无所不能的咨询师的回应来支撑自尊，满足自己，有时想要咨询师和来访者像双胞胎一样有同样的感觉。

5. 肯伯格的观点

在研究边缘人格时,肯伯格发现有些人的功能比较完善,属于自恋类型。他认为,婴儿在 2~5 个月开始发展自体—客体表征,依然是未分化状态。如果这个时期中小婴儿体验到的是愉悦的情感感受,就会建立起正向的自体—客体表征,认为身边人是好的。如果婴儿体验到的是创伤的、痛苦的、不愉悦的情感感受,就会建立起负向的自体—客体表征,认为身边人是坏的。肯伯格认为婴儿投注的力比多与攻击性是同时投向原始的、未分化的、融合的自体和客体的。这样,自恋力比多与客体力比多就只能从未分化的、正向的和攻击性的母体中分化出来。

肯伯格认为,正常成人自恋是正常的自尊调节,正常婴儿自恋是使用和年龄相称的满足方式来调节自尊。病态自恋是因为固着在婴儿自恋状态,这是我们常见的。如,成人依然要求别人主动且完全地理解自己,希望对方和自己保持极致的一致,不然就会愤怒,这是仍在使用婴儿的满足方式来满足自己。

6. 肯伯格和科胡特观点的区别

在动力学理解方面,科胡特认为自恋表现在自我功能相对好而自尊易受伤的人身上，是内化了母亲的残缺功能。自恋自体只是原始"正常"自体，在某个发展阶段被冻结了。就是说，来访者没有问题，是母亲（咨询师）出了问题。肯伯格认为自恋是自我功能出现了问题，是原始的未分化状态下具有的侵略性，强调嫉妒和攻击。这和弗洛伊德观点相近。

在防御方面，科胡特认为自恋是自体在正常发展中卡住了的状态，是正常的。肯伯格认为自恋是病态地夸大自体来防御自身，避免投注在他人身上，尤其不要对他人产生依赖，不要和别人有关系。科胡特认为攻击是因为无法得到镜映和理想化的满足而产生的自恋狂怒，是可理解的，依然强调是母亲（咨询师）出了问题。肯伯格认为攻击的产生更原始，来自内在，异常过度攻击导致对他人的破坏性。嫉妒是自恋的表现之一，强烈渴望获得别人拥有的东西，通过贬低别人来处理自身对他人的嫉妒，造成来访者内在客体表征被清空，内在空虚就需要赞美，需要全能控制。这与弗洛伊德的观点相似。

在理想化方面，科胡特认为这是正常的，是缺乏自体客体的，是不完整的个体。而肯伯格认为理想化是由负向感觉，如暴怒、嫉妒、轻蔑、贬低等衍生的防御方式。

在咨询方面，科胡特主张接纳来访者的理想化和贬低，咨询师需要持续共情，咨询是在来访者主观体验层面工作，适合抑郁—耗竭型自恋。咨询师要足够好，提供足够的滋养，来访者吃饱就可以了。肯伯格认为咨询需要面质，需要对嫉妒和利己进行工作，这适合严重的病态自恋，同时他认为科胡特的疗法是支持疗法的亚型。就是说，咨询师要让来访者看清楚自己痛苦的背后也有和自身相关的原因。如，来访者经常换工作，认为当下的工作不是自己想要的，下一份有可能会令自己满意。咨询师要让来访者看到这种模式背后的重复性。这是来访者对下一份工作的理想化，需要去掉理想化，来访者才能客观看待自己与工作的关系，以及自己想从工作中获得什么。就是说，肯伯格的来访者需要咨询师出力，让来访者看到自己是在"壳"里面的，然后咨访一起看看这个"壳"是怎么形成的。如，肯伯格的来访者哭时，来访者不知道自己为什么哭，但就是想哭，咨询师先要让来访者接受此刻的状态，然后和来访者一起探索为什么会哭、发生了什么，来访者才能不再哭。

作者认为，自恋者大部分时间是在伪装的外衣下偷窥，暗中伏击，打一下赶紧收拳，有一种不被识破的侥幸，或在自大的虚伪下自认为其他人都看不破其计谋。来访者更多的是需要真实、真相。

心理咨询在继续着，对自恋的理解也在发展着，当咨询师对不同状态下的自恋接触越来越多、了解越来越深刻时，就会诞生独属于自己的对自恋的理解。

七、边缘人格：在极端之间摇摆

边缘人格是指人格在精神疾病与神经症之间反复，是个体和客体的身份感在一定程度上的不稳定和波动。如，人的皮肤是身体的边界，将皮肤内容物和外界区分开；悬崖是将大海和陆地分开的边界。边缘人格是心理的一种组织状态，是动态的、来回游动的。

（一）特征

出现边缘人格是因为这些人的内心某些领域功能失常，整合失败，未能形成客体恒久性。他们的冲动行为往往是由于极端的分裂思维——将事物视为全好或全坏——所引发的恐惧感。为了避免自己变成坏的，冲动的行为往往发生得非常快速，在一瞬间，会给自己和身边人猝不及防的感觉，如果对方也是边缘状态的，两个人会剧烈地冲突，甚至大打出手。愤怒是这些人的主要或唯一情感，有时会自伤、自杀。这些人时常处在自己也说不清楚的焦虑中，无法安静，需要被滋养。因为容易冲动，他们的人际关系往往会有问题。这样的来访者，在咨询中需要咨询师对自己秒懂，最好自己不说咨询师也能够懂得自己、满足自己，如果得不到自己想要的就会发脾气、摔东西或自我伤害。面对这样的来访者，咨询师内心需要非常稳定，即使来访者出现各种冲动行为，咨询师也能够理解和接纳，这样便会使来访者慢慢平静下来。

（二）原因

有些人是由于脑部受伤或经历严重创伤，如地震或逃亡；有些人是由于早期过度受挫，如被抛弃、被打、遭受恐吓，致使自我脆弱，无法调节焦虑等情感，缺乏冲动控制能力，界限感模糊，如会出现短暂的幻觉、妄想、现实感消失，严重时会被当作精神病人。这些人痛苦，是因为他们的记忆没有受到损伤。肯伯格认为，婴儿焦虑（如哭闹）时，若养育者没有对婴儿的情绪进行标注，没有同调，和婴儿的情绪不一致，长此以往，婴儿会弄不懂自己，严重者长大后会表现为边缘人格。

（三）表现

这些人在工作、人际关系上有问题，缺少目标感，说不清楚自己的价值观。他们的冲动和暴怒源于早期的基础情感和攻击性的核心情感，类似于早年被压抑的婴儿突然毫无预兆地哭泣。对一些人充满仇恨，是他们攻击性行为的核心，因为内化的客体关系是由承受痛苦的自体和蓄意诱发痛苦的客体所组成。这些人的仇恨在最原始水平反映了一种要将坏客体破坏的欲望。在神经症水平，仇恨使客体痛苦；在更加高级的水平，仇恨有所减弱和受到限制。如，神经症者要让憎恨的人难过，成熟的人则会在痛骂所恨之人时有所掂量。有些人在时间、地域、内心与外在情感上混淆不清，在咨询室里无法区分出咨询师和他是两个人，有着两种感受。有时，来访者突然提前闯进咨询室，是因为来访者的时间感变得模糊，需要咨询师进行区分和安抚。

（四）防御机制

边缘人格的防御机制主要是分裂和投射性认同，边缘状态使用分裂多过于投射性认同。投射性认同处理的是忍受遇到困难时的痛苦，有明显的过程：①来访者将攻击性投射给咨询师，②来访者对咨询师的恐惧增加，③咨询师会回击来访者，④来访者无意识努力诱发咨询师对来访者的恨（不耐烦），同时要控制咨询师。

如，一次，咨询师在来访者诉说时做了一个向上看的思考动作，来访者突然将外面的脚横移向远方，看着旁边的绿植不出声（对咨询师的恐惧增加）。咨询师问来访者发生了什么，来访者抱怨道，我有那么招你烦吗？你为什么要瞪我（将攻击投射给咨询师）？咨询师小心地说，自己目光移开，是在思考对话里蕴含的东西。来访者说咨询师骗人，咨询师再次说，自己只是在思考（回击在增加）。来访者指着绿植说，咨询师这样说就好像是告诉来访者，绿植不是植物（来访者无意识努力诱发咨询师的攻击性，又要控制咨询师）。

来访者使用投射性认同，就是要让咨询师去体验来访者早年的痛苦，咨询师在这样的体验中没有被击倒，来访者才能慢慢"活过来"。这里，来访者认为感觉就是事实，咨询师被迫被放在来访者内心的一个角色位置上。来访者使用投射性认同，使移情中自我与客体界限模糊。来访者需要在移情中不断地体验咨询师涵容他时的难受，咨询师允许来访者将"坏"投射给咨询师，不报复来访者。经过一次又一次的体验，咨询师涵容时的难受会减轻，咨询师这样不断地调整，来访者也在内在调整着对痛苦感受的体验，逐渐地，当来访者能接受这种状态下出现的难受，内在就有了成长。没有 3~4 年咨询是走不到这一步的。当来访者解决了混淆阶段的客体关系，内心从混乱带来的恐惧中慢慢走出来，不再惊慌失措，能够分辨出让自己恐惧的是他人，自我就逐渐从混沌中剥离，在这个过程中，来访者不断地整合碎裂的片段，当好和坏逐渐可以"握手"时，来访者才能走向心理健康的状态。

（五）咨询

这些人的咨询容易脱落，联结对他们来说是困难的，会经常断开。新的事物、新地方、第一次见到的人等会让他们兴奋，当接触后出现的共生里面蕴含着恨时，他们就想要远离。他们容易发怒，是因为分裂，发怒时忘了之前的融合相处。如，丈夫指责妻子对他不好，妻子会委屈地说丈夫为什么会忘了几小时前她对丈夫的好。这类人一般比较孤独，两节咨询之间见不到咨询师就会想结束咨询，下一节见到咨询师时不满就又消失了，缺乏客体恒久性。有些来访者经常想不起上次咨询的内容，就好像咨询结束时咨询师也随之消失了一样。

这类咨询中常见的反移情是恐惧、罪恶感、拯救感、愤怒、憎恨、焦虑、无助等，来访者有时不想见到咨询师。

咨询方法有药物治疗、住院治疗、通过支持来稳定情绪、团体治疗等，也可以邀请其家人一起进行家庭治疗，而高频精神分析是最有效的。

第二部分

如何用精神分析自助与助人

第五章
心理咨询如何起效：行为、思维与情感的互动

　　这是许多来访者及其家人或新手咨询师想要了解的，来访者了解后可以半信半疑地接受咨询，新手咨询师了解后心里会有底气。咨询师一直在学习，学习如何和来访者相处，如何破解来访者的防御，如何做到接受来访者的投射而不报复。对于咨询的起效，不同流派说法不同，短程和长程的效果也不同。有一点是不变的，就是咨询的本质是激活来访者本来就有的东西。弗洛伊德说咨询像考古，这是针对长程精神分析。咨询不是要求来访者改变，是找寻来访者原本就有的真相。如，来访者觉得工作不如意，自己已经很努力了，领导还是看不到他、不满意他。当来访者认识到自己努力工作是真实的，领导对他做的事情也有要求，只是自己暂时还没有达到时，就会改变看法。当来访者能够接受自己也有不足时，对奢望得不到满足的失落感也会降低。

一、行为、思维、情感之间的关系

一个人的行为、思维、情感会影响人们的健康，当这些领域出现问题，行为就会紊乱。因为当一个人思维总是重复，或情感受到限制变得不那么丰富时，如抑郁者长期情绪低落、兴奋不起来，这个人就会痛苦、难受。动力流派心理咨询就是通过谈话，涵容来访者痛苦背后的各种投射，识别出阻碍来访者快乐的阻抗，解除保护来访者的不健康防御。在这个过程中，来访者学习到了新的经验，就会灵活起来，突破旧有的模式，从而不再痛苦。

有的来访者害怕出门，进行一段时间咨询后，可以出门，不怕了。为什么会这样呢？咨询过程中的什么在一点一点地使来访者内部发生变化？这就是我们好奇的心理、象征、欲望、记忆、幻想、恐惧之间的关系。这些弗洛伊德在100多年前就告诉我们了，咨询师通过了解来访者的过往历史、梦，让来访者自由言说，使咨访之间产生移情和反移情的化学反应，让来访者重新获得一次"成长"，效果就是这么来的，这一点已经毫无争议。我们需要弄清楚的是这个过程的主要部分。

二、动力流派心理咨询的重点

来访者带着问题来了，不知道咨询如何进行，就想让咨询师指点迷津。咨询师如何让来访者心甘情愿地和咨询师一起探索咨询之路呢？这需要咨询技术。如，咨询师通过建立咨询联盟，使来访者不自觉地进入自由联想状态，识别出来访者不断重复的模式。在这个过程中，不同阶段面对和处理的问题不同，咨询师干预的手段也不同。

其实，咨询的开始部分只是尝试接触，看看咨询师和来访者彼此是否合适，这里包括咨询师如何了解面前的来访者是否合适，以及如果咨询如期进行，咨询师需要做哪些准备。

三、来访者的角色

对于来访者来说，自我的成熟度和对咨询的动机程度是主要因素。因为咨询过程需要来访者相对成熟的自我部分来对抗婴儿期的本能冲动，进而解除婴儿期的压抑状态。就是说来访者要能够耐受咨询过程中出现的痛苦，需要来访者咨询的主动性够强，因为在早想了许多办法仍未变好时，来访者会感到非常痛苦。咨询师还要了解来访者的现实生活，如钱和时间、居住环境的稳定。

涉及严重边缘人格、精神病和躁狂发作期、思维障碍、言语障碍的患者不适合咨询。如果来访者只是对咨询充满好奇，或自身是咨询师，只是想通过咨询提升职业水平，不是想探索自己，这本身就体现出"自己是足够完美的，只是缺少技能"这种想法，是一种害怕暴露弱点的阻抗。来访者早期经历严重创伤，或过度扭曲、有层层防御，会使咨询只能达到有限的程度或需要更长的时限。

来访者在咨询过程中的成熟自我部分使来访者明白设置等现实，接受和咨询师地位的不平等。来访者需要的投入，就是专注在当下的状态，使自我的一部分能体验当下的状态并描述出来，最大程度地释放情绪。来访者的心智有相对的弹性和灵活性，能够退行，适时地理解咨询师的言行，如咨询师专注地倾听，来访者能够将其理解为被允许，而不是茫然，同时在咨询结束时能够从退行回到现实。这种状态下当来访者用目光寻找咨询师时，咨询师回应"我在"，来访者感知后能继续自由联想。来访者出现对咨询师的任何移情状态，咨询师都需要识别出来并在移情状态下进行工作。来访者的成熟自我要知道咨访是一种合作，在咨询外的时间段里，能够进行回味反思。

四、咨询师的职责

咨询师的心智成熟度直接影响到咨询效果。咨询情景下，咨询师倾听来访者呈现的幻想、梦，在一片一片的联想、一点一点浮现的记忆、言语的缝隙中寻找潜意识，并能够区分咨询师自己的潜意识。专注倾听是咨询师的责任，当需要解释时，咨询师会使用恰当的、来访者能够听懂的语言表述出来。弗洛伊德说："当行为可以克制为词时，就是文明的巨大进步。"所以，咨询师需要对咨询中说的话、对来访者与自己的潜意识状态负责。咨询师需要识别出来访者在咨询室里呈现出的习惯标准，不认同来访者移情下给予咨询师的不同角色，识别来访者幻想下赋予咨询师的状态，并在合适的时机去面质这些，如，在来访者的感受里咨询师是无所不能的，会知道来访者的所有。

咨询出现进展，是咨访双方协作、共同投入的结果。需要咨询师识别出来访者的阻抗和移情，解除防御，觉察反移情反应，使用反移情去为咨询进展工作。咨询师通过解释，促进来访者领悟，最终达到修通。英国心理学家罗纳德·费尔贝恩（Ronald Fairbairn）确信，动力流派咨询改变的发生不在于来访者萌生领悟，而在于来访者有能力与咨询师建立新的关系模式。帮助来访者打破原有的人际模式，通过认同咨询师来建立新模式，这需要咨询师的心智足够成熟。

第六章
心理咨询的目标：从冲突到领悟

　　不管是短程还是长程，心理咨询的目的都是协助来访者认识到其生活经历中某个冲突的出现导致其心理发展受阻。如果这个冲突比较简单，需要的时间会很短，如果冲突是复杂的、隐藏的，需要的时间就会很长。弗洛伊德说："当我们能够将来访者的记忆及伴随的强烈情感成功地激发和诱导出来，帮助来访者识别情绪并诉诸语言时，每一个癔症症状都将迅速且永久地消失。"癔症如此，其他神经症或人格问题也是这样。来访者压抑的部分在咨询中被唤起，逐渐地，伴随的情绪会慢慢显现，当来访者能够面对和接受这些情绪时，就会释然，同时也减少了一些情感的累积，降低了处理这些情感的难度。通过解释，咨询师将潜意识的内容意识化，当潜意识力量被削弱时，自我的力量和功能就会增强。因而，弗洛伊德说："精神分析是一种促使自我成长并征服本我的工具。"咨询是为了给自我功能的正常运转提供一个最好的精神状态。

一、解读内心的冲突

咨询师要了解来访者困扰的起因，如早年的创伤、目前困扰着来访者的重复经历。对于神经症来访者，冲突是指本我冲动要释放，而自我要抵制本我的直接释放。如，安静的来访者不断地眨眼睛，嘴巴张了又合，终于发出了声音。这里，来访者的本我有一个冲动，自我在阻止这个冲动，来访者的内心斗争着。这里是本我和自我的冲突，这些冲突造成这些人的神经症。再如，成人饥饿的本我冲动提醒要吃东西，自我会对抗这个冲动，就会忍受饥饿感，延迟满足，在吃和忍受之间纠结。如果饿的冲动要吃，而此刻正在开会，超我会出来阻止这种冲动，自我会协调吃的欲望，本我就会接受此时不吃。这里，是自我在调解超我和本我之间的冲突。

本我一直在寻求本能的释放，超我强化自我对本我的压抑。一个人出现问题是因为自我在阻止本能冲动，本能能量释放的过程中，也在消耗着能量，反复这样，时间久了就会使自我功能因为能量不够而变弱。当这种本能冲动耗尽自我的能量时，就穿破了自我这个屏障，进入意识层面，形成各种各样的问题。

成人的问题总是由这个人幼年的某个固着点形成，这个观点目前已经被绝大多数人接受并认可。固着点都是内在的心理动力部分，咨询师在探索这个固着点的过程中，会了解到问题的形成、冲突。弗洛伊德认为如果自我力量足够强大，就能够协调外部世界、超我和本我之间的冲突。就是说，自我在超我的指导下管控本我的冲动，能根据周围环境的实际条件来调节本我和超我的矛盾、决定自己符合现实的行为方式。超我不再那么苛刻严厉，本我就能够成长发育到下一阶段，自我呈现为灵活、不压抑。这就是一个人正常的、真正的发育过程。如，母亲不严厉，小婴儿的性愉悦感就会顺利从口腔区域发展到肛门区域，再到生殖区域。

二、激发内省的能力

精神动力流派咨询是要授来访者以渔，而目前许多初入心理江湖者认为的"咨询是自助，我就自己来成长，不需要做来访者"是一种扭曲，或直接告诉来访者一些方法，这和动力流派咨询的来访者在自由联想过程中产生的内省完全不同。

内省是一种能力，是自我在咨询过程中，在自由联想状态下的一种和自己的感知觉一起发生的反思力。就是自己能够及时觉察自己内在和外在的状态，同时对自己的状态进行解读。这里是说，咨询情景下，不只是言语，还有来访者整体的状态，都是咨询的一部分。

咨询是一种合作，来访者诉说着自己，呈现出言语的和非言语的状态，是一种投入。咨询师也在投入，以解释性言语和人性化姿态，在移情下承载独有现象的传递。这样，咨询过程是咨询师以内在的一种感觉去感受来访者此时此刻的心理状态，并以自己的专业性姿态将感受到的内容以来访者此刻能够理解的方式告诉来访者。从心理内在来疗愈，是指在精神动力咨询情景中，强的自我和弱的自我在碰撞中发生着变化。这也是咨询能够让来访者"伤筋动骨"的最有趣的部分。如，一位长头发女性来访者在咨询的过程中说到自己头发很长，每次洗头要花很长时间时，咨询师回应"听到了"。这里，其实来访者内心很想咨询师能够说自己头发很长，但咨询就是要促使来访者自己说出来。言语化对这些来访者来说是困难的，这些来访者也许会就此跑掉，转去说其他的。这也是来访者的困难所在，这就是那个弱的自我。咨询师需要在此涵容，等待来访者能够自己说出。如果咨询师和来访者在此对峙，咨询师就要觉察自己的反移情，回到咨询师的位置上，回到咨询师当下的健康自我部分，即咨询师心智成熟的状态。

三、揭开防御的面纱

精神动力视角下，咨询师是有节制的，和来访者只是咨访关系，没有私人交情，这种状态下的两人相处，就像一张白纸，任由来访者按自己的意愿往上涂画、投射。这会促使来访者对咨询师产生情感，这些情感往往是移情下的，咨询师会针对这些情感做澄清工作，对来访者模糊不清的思想和情感及来访者产生这些模糊的思想和情感的原因进行澄清。通过这些方式，来访者保护自己的防御会显现出来，咨询师和来访者就可以一起去讨论这些防御，让来访者认识真实的自己。如，来访者总是责怪同事或领导看不到自己优秀的部分，这是来访者在使用这些来捍卫自己的优越感，避免无能部分带来的痛苦。当来访者感知到这些时，就会开始反思自己弱的部分，接下来才能做整合工作。

我们知道，婴儿需要母亲而母亲不在时，这个婴儿为了避免自己和母亲一同消失，就会采用各种各样的防御机制来否认丧失，保留住理想化母亲，以使精神存活的信念得以保持，阻止被抛弃的焦虑。这些防御包括原始性的投射、投射性认同、否认、分裂等，神经症性的隔离、理智化、合理化、反向形成等，还有成熟的升华、幽默、去攻击性等。在咨询过程中，咨询师观察出来访者一贯的模式，即使用的防御机制，然后要让来访者也认识到自己的这些模式，才能和来访者一起去讨论这些，直至这些模式被打破，这是复杂且不断重复的漫长过程。

四、发现真实的自己

有些来访者带着困惑前来，并不知道自己怎么了，就是很难受；有些来访者也不想知道为什么，就希望咨询师帮助其消除这种难受。动力流派的咨询师会从来访者的难受开始，逐步进入最深、最原始的发展层面，这需要大量的时间。

如，一位表面客气实则冷漠的来访者是知道自己客气的一面的，因为来访者客气的对象会反馈给来访者。这样的客气也许是来访者锤炼出来的，一方面可以保护自己，另一方面也是和人相处的方式。来访者的困扰是没有人亲近他，他越是对人客气，人们越是和他保持距离。这是来访者最初呈现出来的最外面的第一层膜。咨询过程中，咨询师了解到来访者仅有的少数关系是以高智力和行动化来呈现的。当咨询师让来访者参与负责他自己的一部分问题时，来访者能够感知到自己的情绪和情绪释放后的舒畅，这是咨询的第二层膜。在这种情况下，来访者一般会处在退行中，当过往的困扰点在咨询中被激活，来访者最初的固着点会开始松动，这是咨询的第三层膜。接下来是如何在退行中，促使来访者的这个固着点真正化解掉，这是咨询的第四层膜。当表面的客气（即热情）和内心的冰冷变得清晰时，咨询触及了第五层膜。来访者在某个瞬间愿意让这种表面客气和真实的冰冷有接触，两者可以"串门"时，抵达了咨询的第六层膜。来访者能感知到这样的热情和冰冷都在自己内心，有时候自己是热情的，有时候自己是冰冷的。来访者可以自由掌握、自由运用热情和冷漠的时刻，是咨询的第七层膜。这个阶段，咨询师能够了解到来访者幼年时的资料，来访者不再使用防御，生活中能够做到热情时人们喜欢，冷漠时人们接受，就回到正常状态了，这是咨询的最后一层膜。这里，来访者了解到自己最初的客气里蕴含着拒绝，这种拒绝感让人感觉到距离，真实的、冷漠的自己要用假的客气保护，才能生存。他进而知道，自己内心的冷漠也不是真实的自己，而是早年照顾自己的母亲给自己的。当搬开母亲给自己的冷漠后，来访者就会破茧而出、化茧为蝶、自由灵动，这才是真实的自己。

弗洛伊德说过，咨询师必须与来访者共同走过长路，途中必须有熟悉的力量，同时让这些熟悉的力量足以抵挡阻抗的力量，才能走出来。

五、达成深刻的领悟

精神动力技术的重点在自我层面，咨询师做的工作是促使来访者的自我变得相对成熟，接纳那些曾经被自我视为有毒的部分。当来访者能够以新的视角再次去看那些被视为威胁的部分时，来访者就是在重新评估环境，慢慢能够用新的方法、新的感受去应对过往让自己恐惧的状态。来访者会逐渐意识到那些自己小时候无法战胜的扭曲的冲动，在成年人的生活中并不算什么。当这样的领悟产生后，来访者的行为和态度也会持久地改变。

如，从记事起来访者的母亲就总是当着他的面说客人是好的、优秀的。来访者就会去对比自己，觉得自己是差的。他自动地就将客人放在高于自己的位置，就会一直责怪自己为什么这么差，变得不敢看人，不敢大声说话，躲起来才能感觉到安全。来访者将母亲忽视自己的怨恨释放后，慢慢认识到母亲在那个当下是自己崇拜的人，母亲的话对于他来说是全然对的，有绝对的权威，自己就是被这样强大的母亲压制了，没有自我，同时又不甘心，这样的纠结让来访者很痛苦。来访者意识到这是自己将母亲的强大泛化了，母亲有时也不会说话，还要求助自己，那一刻自己是强大过母亲的，自己就好像破茧而出的蝴蝶，可以自由选择是绽放还是停歇，感觉整个人都舒展了。这一刻，就是领悟。来访者的行为和态度持久改变时，就是修通了。

第七章
咨询师的特质：让咨询起效的关键

心理咨询是咨询师和来访者两个人之间的相处，每个咨询师在咨询情景下所处的状态不同，是因为每个咨询师都有独特的个性。这和咨询师本人的经历、所处环境、受训背景有关。精神分析是一门潜意识的科学，潜意识存在于过失、梦、语误、症状、身体里。咨询的过程，是咨询师的潜意识和来访者的潜意识之间的碰撞，咨询师需要将自己个人相关的部分放在一边，做到全神贯注。在处理来访者带来的相关材料的过程中，咨询师需要看到这些材料所赋予的潜意识意义，去感受这些，这需要咨询师时刻警觉自己的位置是否偏离了，自己的内在是不是自由的、灵活的。

一、人格魅力

咨询师都是历经过各种训练的，即便是师出同门，每个咨询师身上散发的特有气质、反应、智力等都会不同。因而弗洛伊德提出咨询师的特质会对咨询产生影响。咨询师将自己当作来访者接受治疗是基本的受训，只有咨询师潜意识的焦虑被处理了，才能容纳来访者的投射，识别出来访者的阻抗。弗洛伊德说精神分析师每隔 5 年就要再分析一次，但这种说法目前只有越来越少的人照做。

来访者每次出现，会带着自己的语言和习惯，咨询师要能够识别来访者使用的是思维清晰的成人式语言还是幼稚的儿童式语言，是混乱的还是逻辑清晰的，是一个词一个词地蹦出还是不喘息地大段大段输出。如果咨询师自己和来访者的表达习惯相似，就无法识别来访者这样诉说的潜意识部分。就是说，咨询师无法做到中立。如果咨询师自身的反应比较慢，来访者快速地说着，咨询师就会略过来访者言语之间的重要信息，如，来访者的表达中跳跃的部分、混乱的部分。如果来访者谈到自己嘴巴都说干了、嗓子都哑了，但还是停不下来，其实是希望咨询师有理解性地回应，来访者感觉到被听见、被理解了，就不再说了。

二、心智成熟度

咨询师的心智成熟度直接影响到咨询的深度，咨询师对自己潜意识处理的程度，预示着对来访者潜意识的理解程度。弗洛伊德说，咨询师能走多远，就能带领来访者走多远。这句话的意思是在咨询过程中，咨询师对来访者呈现的状态有一种感受、理解和观察等的综合反应，当来访者将自己的某一部分以高傲的或和善的形式呈现时，咨询师要能够识别出这些，让一束光照进来访者心田，照亮被掩藏的真相，并有勇气揭示出来。这就是通常说的，找到真实的自己，需要撬开坚硬的假面。来访者的心智早已经狡猾地将戴着欺骗自己和咨询师的假面当成一种习惯，当咨询师的心智能够超越这些，即"第三只眼"能够睁开时，来访者的这些伎俩就会被识破。弗洛伊德认为一个人的本我是所有心智的基础，小婴儿的投射若不能进行，就会处于针对自己内在的破坏性危险中。咨询师的心智如果有未能处理的部分，会和来访者以同样的状态融合，就会形成共谋，来访者的困惑就会始终无法得到有效解决。

超我太过强大，就会被束缚，就难以让心灵开放。咨询中，来访者本能的攻击敏感地觉察到被报复的风险，就会藏在深处，以变形的、和善的方式试探。此刻咨询师的潜意识若能捕捉到这些微妙的呈现，以温和、不带任何伤害的、像对待刚出生的小婴儿一样的包容心对待来访者，来访者才敢将爪牙露得更多。就是说，咨询师的超我不再严厉，而是弱化时，心灵才能真正开放地涵容所有，不会散发许多的禁令。

三、对潜意识的责任感

咨询的过程中，咨询师要对来访者和咨询师自己的潜意识负责。精神分析是对潜意识进行的工作，了解潜意识是最基础的。原始的冲动、语言、象征，隐藏在躯体、梦、生命和死亡中。来访者的一个行为、一个反应或一种关系，都在传递着内心深层的状态。咨询师保持对人的兴趣、心灵开放、低调地遵守承诺，来访者独特的、躲藏的部分才能显现。弗洛伊德说："如果治疗开始，分析师就站在共情性理解的立场，那么就已经获得了最初的成功。"

如果咨询师早年对陌生的焦虑没有处理，对于来访者深层的、突然呈现的出乎咨询师意料的部分，咨询师的潜意识会本能地回避，或给予一些回应以转移这个焦虑，那么来访者此刻呈现的信息就会被忽略。这是来访者存在的问题，来访者会重复地出现，直到咨询师的潜意识不再躲闪。如果咨询师自己的俄狄浦斯期有未被处理的部分，就会对性充满好奇，也无法处理异性咨访中的情感移情。

对于潜意识的理解，每个人都有自己独特的、无法察觉的地方。不是所有咨询师都接受了透彻的分析，对潜意识也做不到无死角辨别。某种程度上，心智成熟者也会存有婴儿化的欲望，这会影响到这个人对享乐的感受，会减弱应对痛苦的能力，会直接或间接影响到对来访者潜意识的理解。咨询师自我有韧性、内心平稳，就能洞察和协调来访者内心的各种冲突，这种平静的专注态度会传递给来访者，来访者会慢慢对自己开启反思，就具备了内省力和领悟力。咨询师应对冲突和压力的能力不够，就会抑制对他人的兴趣。无法投入倾听，是因享乐不足时人格的贫瘠引起的焦虑。咨询师的优越感没有处理或处理得不够，遇到同样需要优越感的来访者就会起冲突，会贬低来访者。

四、语言组织能力

咨询是一种谈话疗法，咨询师将倾听出来的来访者潜意识的含义，传递给来访者，使来访者能够明白"哦，是这样"。咨询师将对来访者的理解，以来访者此时能接受的语言传递，将来访者此时似懂非懂、似清楚又不清楚的思维和感觉等，以来访者的思维习惯、语言习惯表达，让来访者轻松、自然地获得被理解、被看到的体验。咨询师笨拙或累赘的话语，会增添来访者的痛苦，来访者会听不懂。这来自一个人口欲时期的内摄，对未知的、新奇的部分具有独立的、自然的感受。如，来访者说大老板能和同事开玩笑，但面对来访者时很严肃，咨询师说"你也想让大老板和你开玩笑"会比说"你在意大老板对你的态度"好理解且不带评判。

咨询是谈话的形式，这也意味着要有说有应。沉默是语言的一种表达方式，是交流的一种方式。一方沉默，另一方在聆听，这，也是一种对话。如果聆听者是咨询师，这是动力流派咨询的基本状态，咨询师要倾听来访者言语和非言语的表达，从中感知到来访者此刻潜意识的意义。如果咨询师一直在倾听，来访者进入安静状态时，咨询室里是一片静默，咨询师此刻要以接纳的状态去倾听来访者的内心。如果来访者有问话，咨询师此刻以安静回应，是将空间给来访者。如果来访者的问话是关于咨访关系的，即针对移情的问话，咨询师要能够识别出来访者此时的移情，并给予解释性回应。

面对来访者的滔滔不绝，有时咨询师只是回应一句感慨；面对来访者的一个口误，有时咨询师会停于此进行讨论。咨询师的语言，是一种打断或干预。咨询师打断的目的或许是希望底层的东西早点显现。有时是欲速则不达，来访者想按他的节奏，想一口气说个痛快，就像肛欲期将积攒的粪便一次排空一样。此时来访者的赘述和咨询师打断的语言都是废话。如果咨询师的打断只是咨询师想释放自己因有一个想法冒出来而产生的焦虑，那么这对来访者来说更是一种废话。如，来访者说他朋友对他说的话是针对他的感受和情绪的真实表达，但母亲对他说的话只是母亲单方面的评判，不是在回应来访者说的话。咨询师此时插话说"你在区分"，这对来访者来说是一种废话，来访者真正想表达的是对母亲这种无回应的愤怒，是借助朋友让自己的愤怒避免被报复。

五、谦逊和隐匿

节制是指咨询师要将更多的空间让给来访者，不暴露咨询师的私人部分，将自己当作相对空白的屏幕，这样来访者才能够将其潜意识的部分充分投射，这也是精神动力咨询中咨访的不平衡状态。古典躺椅式的形式，能够很好地隐藏咨询师被来访者注视带来的不安。目前采用的面对面形式，咨访双方都在对方的注视之下，这满足了对全神贯注的需要。咨询师能够将自己的情绪放一边，不暴露自己的私人生活部分，促进移情和让来访者退行，在某种程度上，也是一种心理健康的特质。这样的隐匿，也是将咨询师的心智暂时存放在来访者创造的属于来访者自己的独有剧本中，同时也在无形地、不带痕迹地支持剧本的再创造。

咨询师的谦逊意味着被动，会给来访者一种"咨询室里来访者是主人"的感觉，来访者会放松警觉，潜意识部分就会流露。咨询师不公开自己的私人部分，来访者就会将关注收回到自己身上，促使来访者体验咨询中两个人的相处和日常生活中的不同。一些边缘人格的来访者，在深度移情下，会对咨询师个人极为关注，想和咨询师融合，会在咨询的间隔期想办法打探咨询师的住所。这时需要咨询师及时识别出来访者的移情反应，去和来访者讨论，这样的反应意味着来访者将咨询师当作早年的一个客体。

在与他人相处时，一个人如果做不到低调，就会呈现出高傲的、居高临下的姿态，对方就会有被蔑视感。有些来访者的愤怒会由此被激起，会以不同形式表达其不满，会突然挑剔咨询室的布置或看咨询师不顺眼。有些自我比较弱、无法表达情绪又总是有些难受的来访者，就会脱落。咨访长时间的相处中，彼此都在了解对方。咨询是要让来访者感到自在，使来访者找到他自己的真相。咨询师不会总是在暗处，当发现来访者的情绪、情感部分或发现其跳过一些痛苦和恐惧时，咨询师会对此言说。这，也是一种联结。

第八章
咨询全流程指南：从初见到结束的实用技巧

一、初始访谈：陌生人的初遇

初始访谈是指开始的第 1~5 次咨询，咨询师对来访者的精神和身体状态、困惑、主诉给予初步评估，从而了解来访者咨询动机的强烈程度，是否能够承受咨询过程带来的退行下的痛苦，还要了解来访者的现实生活情况，包括其在物质、时间、精力方面能够支撑多久。如果来访者对咨询没有动机，是被其他人要求来的，咨询一般无法深入。那些期待快速消除自己的困惑和焦虑的人，不适合长程动力流派咨询。咨询师同时要了解来访者是通过什么渠道找来的，是平台推荐、网络搜索还是熟人介绍？这依然是在了解来访者的咨询动机，同时知道来访者的需求是只弄清楚问题还是需要从深层来处理，这些可以了解到来访者是只需要几次的咨询还是需要长程咨询。咨询师还需要从来访者的基本情况来了解其心理健康程度，如性别、婚恋状况、是否有小孩、工作情况等。初始访谈结束时，咨询师需要考虑接下来是继续进行，是配合药物，还是要转介、住院等，这些都要告知来访者。

（一）对来访者的要求

精神分析视角下的来访者，要能够做到真诚、不隐瞒，放任大脑去驰骋，同时不加任何评判和过滤地呈现，一节咨询结束时能回到现实生活，咨询之外的时间能够反思。来访者的身体状况要能耐受咨询过程中的强烈程度，有稳定的居住环境，此外，要注意热恋中的人有可能无法对咨询投入全部精力。为什么要对来访者有这些要求？我们知道，来访者的一个想法会使其痛苦，是因为这些让人痛苦的想法是无法被接受的，与来访者的其他想法也许是冲突的，且是潜意识的。通过谈话，来访者的这些被排除在意识之外的想法变得可以说出来后，来访者的症状就缓解了。

如，来访者一句话不说，时间到了站起来就走，几次后，咨询师感觉自己像是不存在的、被忽视的，对此感到无力。咨询师想到，来访者刚半岁就被送到外婆家，外婆总是一言不发地忙着别的事情，他独自一个人待在不远处，外婆从来不看他。来访者将这些在咨询室里呈现出来，是想让咨询师体验当年来访者的感受，潜意识里咨询师是小时候的来访者，来访者是当年的外婆。咨询师将这些解释给来访者，来访者听后痛哭失声。这些是在咨访关系稳定的基础上自然进行的，也是精神分析的魅力所在。

咨询开始时往往是来访者带着问题来，不知道怎么开始咨询，或来访者自己带着自己认为的结论，将其呈现给咨询师。动力流派的咨询师更多的是通过倾听来满足来访者的倾诉欲，咨询师不给建议，不决定对与错，这样有些来访者会受挫。这就是为什么动力流派的咨询不适合所有人，那些非常焦虑、渴望及时回应的人需要寻求支持性治疗。

（二）咨询的开始

初次进行咨询，是在邀请来访者进入他自己的内心世界。开场时，每个咨询师有自己的特色。有些咨询师会首先声明"我们有 50 分钟"或"接下来的 50 分钟时间是你的"。有些咨询师会介绍咨询是怎么做的，还有些咨询师以安静开场。有些咨询师会问："这些问题已经存在一段时间了，你此刻的考虑是什么？"这是想了解来访者对咨询的期待。有些咨询师会告诉来访者："让自己安静下来，将脑子里出现的一切，不管是讨厌的、无聊的、不重要的、不相关的、无意义的，还是有的没的、似是而非的，尝试说出来。"这是直接邀请来访者进入自由联想状态。

在第一节的开始，或以后每一节的开始，来访者的状态和说的第一句话都呈现出这一节的主题。咨询师需要记住这些，同时要留意来访者自己特有的语言、表达方式、语气语调。在开始时，来访者的情绪压力比较大，会将重要问题无意识地用自己的方式表达出来。

（三）咨询过程中的来访者和咨询师

在咨询过程中，来访者一方面知道咨询师是一个陌生人、一个专家，另一方面他对咨询师形成了一种无意识的情感态度，即移情。咨询师会在意识和潜意识层面接受自己成为来访者移情的角色，同时关注来访者呈现材料的潜意识含义并将自己抽离开，观察自己和来访者，也就是睁开"第三只眼"。在整个咨询情景中，咨询师在咨访二元关系与三元关系之间不断地转换。

咨询是一个人与另一个人相遇的过程，来访者与咨询师建立工作关系的方式，一部分来自设置、安全感、私密性等咨询最基本的元素，更重要的部分来自来访者自己的内在与客体相处的方式，咨询师需要了解应以怎样的状态与来访者建立关系。如，来访者早年经常更换保姆，就会对咨询师和咨询关系充满怀疑，会重复地、反复地对咨询师进行指责，充满不信任，咨询师一般能够理解这是由来访者早年经历带来的，能区分开来访者投射的情感，就会使自己处在咨询师的位置上，不会被卷入。当咨询师可以感受来访者此刻的情感，和来访者的感受共鸣，能区分这些情感，同时又能够意识到这些情感真正想表达的是来访者内心对早年客体的种种不安时，就意味着咨询师可以开始与这个来访者一起工作了。

（四）第一节的结束

第一节咨询的 50 分钟里，咨询师要做很多事：前 10 分钟左右是带来访者进入咨询状态，接下来是对来访者困惑的理解，在最后 10 分钟左右，需要和来访者做一些说明性的约定，如下一次咨询的时间，为什么要在固定时间咨询，以及费用、频次、请假方式、紧急情况联系方式等事项。

在最初约定的 1~5 次初始访谈结束时，咨询师需要对来访者有一个综合性的评估，和来访者协商咨询是需要几次或几十次的短程咨询，还是几年的长程咨询。这些评估包括来访者的心智成熟度、来访者过往经历呈现的与他人相处的关系（预示着接下来和咨询师的相处状态）、来访者的心理资源（如内省力、忍受力等）、来访者呈现材料的方式和对咨询的期待情况。频率方面包括每周几次和每次的时长。咨询师应告知来访者若有事需请假需要提前 1~7 天说明，当天取消费用照付。咨询师还应了解来访者对收费的想法和适合的支付方式等。目前国内大部分咨询师会约定来访者当天取消咨询，当次费用照付；有一部分咨询师会约定因任何原因取消咨询，当次费用照付；还有一部分咨询师会约定因任何原因取消都不扣费。这是设置的一部分，不同咨询师自己内在对付出和控制的感受不同。

二、设置：为咨访双方保驾护航

对于精神动力流派来说，设置是咨询的一部分。设置在咨询过程中的作用不是无形的，而是时时刻刻存在着，是心理咨询的通用原则，包括有个人特色的咨询室布置。设置是心理咨询的开启、维持以及保障整个心理咨询的过程和理解来访者潜意识心理冲突的最有价值的工具，可以避免来访者打破边界。如，咨询过程中来访者喝水，是因为那一刻内在有一个感觉（如乏味、焦虑、孤独等），无法言语化，就用行动（喝水）来呈现。有些来访者会拖延付费，是明显地在轻视咨询或咨询师。其他流派在形式上也会有设置，不同之处在于，其他流派一般不去讨论来访者打破设置的意义，如，喝水的动作。

（一）目的

动力流派咨询强调设置，设置是为了最大可能地营造有利于咨询进行的环境，某种程度上是在保护咨询师。设置一般是从咨访双方签订纸质或口头的合同开始。对于设置，我们要避免死板，如，一位怕冷的来访者，夏天来到咨询室时觉得空调温度太低，要关掉空调或调高温度。当来访者试图打破设置时，咨询师能够由此感知来访者内在所处的状态和突破边界对来访者的意义，和来访者讨论这些可以识别出移情下来访者内心潜意识的状态。

对于时间、频次、费用、地点等外显部分，咨访双方比较能够明确。和边界相关的身体接触，如，想再延长几分钟，结束时还想留在咨询室里不想离开等，这些是来访者潜意识中想把咨询师从其位置上拉下来，拉到来访者希望其在的位置，是来访者在打破设置的一种挑战。

咨询是工作状态，是特殊的二人相处，设置的存在是提醒咨询师和来访者双方相处时要与日常生活区分，呈现出咨访双方潜意识状态，给咨访双方以安全感，是对双方的保护。咨询过程中不只有咨访两个人，设置是第三方，是一种力量，起到"父亲"的功能，当咨访双方太紧密时，设置会将两个人分开。

（二）基本规则

设置的存在是在提醒咨询师，来访者是自由的，同时也意味着咨询师只在咨询室里了解来访者的相关资料。有时，来访者太过焦虑，需要暂时被给予支持，如，一位来访者，一开始不能进入自由联想状态，认为这种咨询状态像是他一个人在自言自语，太尴尬了，就会先进行一段时间的支持性治疗，焦虑缓解后再进入自由联想状态。有时咨询设置能够避免咨询或咨询师对来访者造成伤害。目前国内也将这些纳入了咨询伦理，如果咨询师自身肛欲期和俄狄浦斯期的问题得以解决，几乎不会发生这类问题。

（三）构成元素

保密原则是指在咨询结束咨访双方都不会将咨询过程中发生的任何言语和非言语的交流告诉第三方。这对咨询师来说是职业操守，如果需要督导、发表学术论文使用，是要征求来访者同意、隐去来访者真实信息的。保密也是对来访者有利的，来访者在结束咨询后一般需要自己去消化一些感受或将其带回下次的咨询中，就像茶壶里的水需要一直沸腾着，这是一种动力，要将动力留在咨询中。

咨询师需要节制、中立、匿名、均匀悬浮注意，这些主要是对经典精神分析流派咨询师的要求，做到这些，会促使来访者将潜意识的困扰呈现出来。因为经典的节制是指咨询师需要将自己的观点搁置一边，不吃、不喝、不吸烟和性的节制，有些流派则允许来访者在咨询室里吃喝。中立是指咨询师避免让来访者接受自己任何咨询外的思想，如信仰、道德标准、社会习俗等，避免表达自己私人的观点，不做出道德判断，不干涉来访者的日常生活。咨询师需限定每次咨询的时间，如 50 分钟，咨询师延长时间会给来访者压力，让来访者不好意思，咨询师提前结束则会让来访者有一种被剥削感。咨询过程中，咨询师要隐去个人信息，不暴露自己的私人生活，这样可以让来访者的移情过程不受干扰。

对于频次的安排，内在的持续性关系很重要，且不变的地点会带来稳定感。对于收费，可以从移情和反移情角度来理解来访者。拉康的咨询是没有固定时间和固定费用的，而是让咨询师成为控制时间和费用的人，这可能会破坏利用反移情进行咨询工作的效果。温尼科特的咨询有时一次可以进行 2 ~ 3 小时，以鼓励来访者依赖，而时间长短会影响移情中的依恋和分离。咨询室里的沙发等物品构成了咨询环境，是咨询的一部分，如果需进行任何变化，需要提前几次告知来访者原因。

（四）咨询过程

咨询开始时，来访者对咨询和咨询师是接纳的，咨询才能继续进行。到咨询的中期阶段，来访者有时会质疑咨询师没有按他所期待的方式进行咨询，会有不满，这是来访者退行下幼儿式即刻满足状态的活现。此时咨询师不按来访者的期待进行咨询，来访者会受挫，慢慢地，来访者早年的情形就会呈现，会在面对咨询师时呈现早年与客体相处的状态。当这种情景出现时，在设置下，咨询师与来访者探索这些，来访者因受挫而失望，但这种不满来访者是可以忍受的，一般不会影响咨询的进展。最初要求来访者要有耐受痛苦的能力就是指在这种情况下的耐受力，这种情况也说明来访者在防御。

三、建立咨询联盟：信任纽带

咨询联盟是来访者与咨询师之间为保证咨询工作的顺利进行而存在的关系联盟，可以在一定时间内，满足来访者的本能需求，如喜爱咨询师或迫不及待地要得到满足的饥饿感，这些是咨询联盟中的本能部分。来访者的意识层面是想解决问题，因为他们痛苦，但潜意识层面来访者会因移情而对咨询或咨询师有敌意，从而进行对抗。在出现阻抗和敌意移情时，要先稳定咨询联盟，处理移情，使来访者留在咨询中。有人说咨询是两个人的心理学，在互动中，情感已经开始联结。比昂说，咨询师和来访者是一对"伴侣"，共同起舞。

（一）建立联盟

来访者要具有与咨询师形成相对理性的、非性的、非攻击性关系的能力，这来源于在来访者过往生活中与重要他人形成这种相互关系的能力。如果来访者这方面的能力相对弱，那么就需要咨询师付出更多的涵容。咨询师通过共情性理解、坦诚和不加评判的态度使来访者进入自由联想，形成工作联盟。联盟的产生与形成，源自咨询师和来访者共同投入，咨询师需要在咨询的开始阶段带领来访者进入工作状态。

咨询过程中，咨询师要在来访者对自己呈现的部分处于似知道非知道的前意识状态时，给以镜映性理解，这样来访者会有被滋养的联结感。如，当来访者进入自由联想状态，陷入痛苦的记忆或幻想中时，来访者的感受性、本能的、不成熟的自我部分就会出现，来访者很难意识到自己这种状态下的情感是否真实、对咨询是否有意义。当咨询师的潜意识和来访者此刻呈现出的碰撞形成一个解释时，咨询师此刻的表达会使来访者刚刚呈现的本能部分变弱、成熟的自我部分变强，来访者就会相对客观，会从刚刚的潜意识状态中出来一点，会对自己有所觉察，这就进入了前意识状态。此刻咨询师进行解释性言说，来访者就会感知到前面的痛苦情感和小时候有关或和某个客体有关，就会去诉说这些经历，随之难受的程度就可能减轻。这需要反反复复很多次，这也是来访者心理内在发生变化的过程。这是来访者能够积极参与其中，并能接受咨询师对来访者的理解，使咨询有所变化的关键。如，来访者一边说话一边四处张望，呼吸变快，很害怕，说感觉右手臂麻了。此刻，咨询师解释道"你想打人"，来访者能够接受并说"是的，我好想打我妈"，接着会说她妈妈和她之间的事情。这样类似的情况发生了很多次，逐渐地，来访者的害怕就会减轻。

（二）来访者的力量

咨询能够开启，是要来访者能够对咨询师有适度的正向移情，这也是弗洛伊德说的"有效的移情"。来访者愿意将自己依附于咨询师，是咨询的基础。这需要来访者能够表达自己，在心灵内部有"咨访是一起的"这种想法。来访者在诉说时，有时会讲已经说给许多人听过的故事，来访者口中的生气会以行动呈现，如叹气、沉默。咨询在很大程度上需要来访者能够让本我部分显露，这是来访者不成熟自我的部分。这些是来访者能够将自己投入咨询中的一种体现，是咨访关系重要的一部分。在咨询师说话时，来访者能够倾听、思考、适当反馈，这样，来访者的成熟自我部分就能够和咨询师的咨询性自我部分产生联结，也意味着来访者在认同咨询师的咨询性自我。来访者接受自己心理内在的痛苦部分，也愿意和咨询师一起面对咨询中可能出现的困难，这样就进入了工作状态。

如，来访者一开始就说他对领导很愤怒，领导让他留下来加班，他一边加班一边生气，回到家又会对自己的生气不满。来访者越说语速越快、声音越大，眼睛盯着咨询师，愤怒溢于言表，好像要喷出火来了，无法控制。这里，来访者一开始说自己对领导的愤怒是理性的，来之前已经在头脑中想过好多遍了。当来访者用声音和表情来表达愤怒时，他是本我的状态，此时咨询师给予反馈，来访者能够理解，也愿意和咨询师一起去探讨背后的意义，咨询联盟就是稳定的。

（三）咨询师的力量

咨询师的态度对工作联盟的形成有着决定性的影响。咨询师创造的安静、舒适、私密的空间，清晰的设置和收费的安排，会给来访者安全的感觉。咨询的连续性和固定时间能够增强来访者的信任感，给予来访者稳定感。同时，在咨询的开始，咨询师要能够尊重来访者的防御，不着急打破，给来访者发展自己幻想、情感和思想的空间。咨询师在来访者诉说自己目前的或过往的生活时，要对蕴含其中的情感给予回应。如，当咨询师指出来访者说着生气的事情却带着笑意时，来访者会开始思考自己的这种不协调的状态。这样，来访者就慢慢能够理解自己过往的经历是如何在生活中不断地重复的，进而理解自己内心的冲突和冲突带给自己的痛苦。在咨询的中期，来访者能够体验这些痛苦的潜意识过程，痛苦就会慢慢消失。

咨询师通过节制自己的情感、共情性鼓励来访者继续倾诉来促进联盟稳定。在将来访者带入工作状态、进行自由联想时，有些咨询师是直接讲解自由联想的状态，有些是举例子。咨询师说完这些后，要给来访者空间，看看来访者的状态，主要是观察来访者听后情感上是会有阻碍还是能接受。动力流派咨询师不会急于给出指导以满足来访者的期待，而是让来访者拥有内省力，促使来访者在这种张力中自己慢慢思索和反思。

如何应对咨询开始时来访者对咨询师的沉默的失望之情，是动力流派咨询和其他流派的一个重要区别。动力流派咨询会让来访者认识到咨询师一直和来访者待在一起，这样来访者会有能力探索和掌握潜意识的力量。这在咨询的开始非常重要，否则来访者会因失望而中断咨询。处理这些，需要咨询师内心装载有温度的关切，和来访者此时此刻的状态相处，使来访者能够慢慢独立工作。咨询师在来访者谈论所有内容时，不干扰、不评判对错、不指责，这是咨询师的责任，也是中立的姿态。这种理解的涵容里蕴含着对来访者自由展示自己的许可，会促使来访者建立安全感，来访者的安全感和信任感越足，咨询联盟就越稳固。

（四）咨询情景的力量

在长程或高频的咨询这种长时间的、密集的咨访交往中，同一个咨询室里两个人亲密地交流，来访者带着困扰来，若咨询师能够冷静相待，便容易激起来访者认同、模仿和学习的欲望。无论来访者的自我是强还是弱，诉说的事情是大事、小事，还是有的没的、幻想的、难以启齿的、与性有关的事，咨询师全身心投入的姿态都会激发来访者对于了解自己的好奇心，从而促使咨访一起探寻。不断去关注咨访关系，会增强联盟，也会使来访者因感觉被关心而进一步信任咨询和咨询师。

（五）咨询联盟的进展

要想使咨询能够长程进行，维护咨询联盟是最重要的，任何时候如果联盟有动摇，咨询就难以为继。如咨询一直没有进展，卡住不动，阻抗持续太久没有被识别，来访者隐藏的负向移情没有被揭露，联盟就会出现危机。这时，咨询师需要优先处理和来访者的关系。当来访者愿意面对自己的痛苦，能够从中产生新的思索，能够接受咨询师时，某种程度上，咨询便有了根本性的发展，联盟就进入了新的阶段。

咨询师要能够感知到，有些来访者总是保持着客气的、理性的距离，这实际上是一种不允许任何攻击出现的虚假防御，特别是有强迫特质的来访者。针对这种来访者，咨询师需要在合适的时机展示和揭穿这些防御，让来访者能够意识到自己只是在逃避，从而敢于从防御的外壳里走出来，展现新的东西。如，来访者每次都说些日常生活的琐事，每当触及真正重要的内容便迅速回避，即使咨询师说来访者对咨询、对咨询师有不满，来访者也会否认。当咨询师一定要来访者说说她的压抑和顾虑时，来访者眼圈红了，说如果自己流露出一丝不满，就会遭到母亲的责骂。

四、共情：拉近心灵距离

弗洛伊德没有对共情这个技术展开讨论，但在咨询过程中，咨询师安静的倾听中实际上蕴含着专注和全情的接纳，这正是共情的态度。可以说精神分析取向的动力流派咨询是从共情开始的，人和人之间的接触是共情的映照。有些人哪怕只是简单的搭讪，也能让人感到舒适，这表明他们具有共情能力。对于另一个人内心正在经历的感觉，如不安、慌张、脆弱、痛苦、恐惧、愤怒等，咨询师要能敏锐地感知到，这意味着暂时进入这个人的内心世界，感受这个人很少察觉到的部分，而不是去揭露这个人从未体验过的情感。自然地进入，安静地感受，不打扰，不评价，就这么静静地感受着。在来访者要停下时，咨询师能够自如地退出，在合适的时机以理解的姿态面对来访者，使来访者感受到被看见和被理解。

（一）咨询师的任务

在不断的自我反思中，咨询师通过共情尝试与来访者内心在成长过程中失去的部分建立联结，与曾经丧失的爱的客体再次相遇，从而理解那些曾经没有被理解的部分。那一刻来访者像早年的小婴儿，咨询师是那个时刻小婴儿的母亲，无伤害地全然关注和感知。咨询师要在当下全身心投入，需要把自己放在一边，内心非常稳定，能在来访者陌生或奇怪的心理内在中感到自在，又能及时丝滑地回到现实世界中。这是在深层感知来访者的感受，咨询师在这个过程中自然地感受自己的各种反应，如理解的、脆弱的、敌意的、厌烦的、绝望的感觉。这些反移情反应一般是来访者早年遭受的挫折或创伤性客体的再现，可以促进咨询。

（二）时机

咨询师做到允许自己以恰当的方式进入另一个人的内在精神世界这一点时，只是明白了"来访者的脚放在他的鞋里"的感受。咨询师将感知传递给来访者，需要合适的时机。错误的时机可能会让来访者感觉咨询师的侵入带有敌意，会使来访者竖起防御来保护自己，来访者可能的反应或许是直接的拒绝，例如说"不是你说的那样"。合适的时机是需要等待的，需要来访者呈现的材料足够丰富，同时来访者对自己呈现的材料处在似乎明白又说不清楚的前意识状态，此时咨询师若将来访者提供的这些材料以来访者能够明白的方式解释给来访者听，来访者一般会有一种"哦，是这样"的被理解的舒畅感。

（三）作用

共情性理解，能够快速拉近咨询师和来访者之间的距离，消除来访者因对咨询师感到陌生而产生的疏离感，使来访者暂时感到自己和咨询师相处是舒适的，有了相连的部分。这种联结可能并不明确，但是给人的体验很真实。一位来访者说，在咨询中，一些连自己也不清楚且从来没有过的想法、情感、隐私能够自然地表达出来，而咨询师甚至能比来访者自己更加精准地理解这些内容，这会使来访者觉得自己说的话是有意义的，自己不再是孤独的。另一个来访者说："我有一层膜隔断了内心的自己和外面的虚假自我，咨询师可以在这层膜上自然地出入，这样我就不是一个人，我有人陪伴，会心安。"

来访者感觉到的被接纳和理解，会促使他们进一步自我暴露，获得的安全感会让来访者自动降低防御，分享更多内心的秘密。这些藏在来访者内心的痛苦、纠结、恐惧、幻想、性、梦，慢慢能够一点一点显现，来访者就能够去面对这些，就有机会去讨论这些，就会释放焦虑，减少痛苦，使幻想走向现实，会愿意进一步谈论性和攻击性。咨询就是这样通过共情使来访者产生变化的。

（四）共情的过程

咨询师能够深入地沉浸在来访者的主观体验中，感受到自己的情绪，同时要区分这些情绪是来自来访者的，还是咨询师自身未解决的潜意识部分被激起的问题。如果是咨询师自己的问题，要先放在一边，等咨询结束去和自己的督导师讨论。如果是来访者的情绪，需要考虑解释的时机是否成熟。咨询师沉浸在来访者的主观体验中，退出来，再感受自己的感受，这三者不断地循环。这一过程一般是从来访者呈现自己开始的，无论是通过言语还是沉默，咨询师都需要准确地接收和理解来访者提供的信息，不受来访者情绪影响。当时机成熟时，咨询师以来访者此刻能够明白的方式把自己的理解反馈给来访者，当来访者收到咨询师的反馈，感到被理解、被接纳、被允许时，一次共情感受就完成了。这些在整个咨询过程中，在每一节咨询中，一遍又一遍地重复。

（五）理解共情

来访者有时会提供一大堆材料，有时又只说一些碎片的东西，咨询师需要从中找到有价值的部分，给予共情。来访者的内心总是起伏的，共情需要随着来访者状态的变化而变化，是一种被动的跟随。如当来访者混乱时，咨询师需要将来访者从退行中拉出来。来访者极度恐惧时，咨询师需要给予支持来协助来访者稳定。咨询师一般会对有意义的情绪和情感进行共情，而不是事事都去共情，需要给来访者留有思考的空间。有时咨询师没有修通的潜意识部分被来访者的诉说撞击，接受了来访者的投射，或咨询师自身状态不佳，无法全神贯注于来访者，咨询师就会失去共情能力。

点对点的共情能够使来访者拥有小婴儿被母亲全然理解般的释然，咨询师的成熟自我能够意识到这些，来访者为新的发展能力做好了准备，就会有自我感。咨询师的"第三只眼"会避免使用同情和过分认同，当咨询师无法区分对来访者的感知是来自来访者还是咨询师自己时，接受督导就非常必要。如，来访者说着说着安静下来，眼神空洞，一言不发，当来访者眨眼时，咨询师轻轻地说"你跑哪里去了"，来访者就会回到咨询中，并告诉咨询师刚刚他的脑子里什么也没有想，只是一直看着墙边的装饰花纹。这是一种浅层的共情。再如，一位对母亲发来的信息有些恐惧的来访者，总是会去主动查看是否有母亲的信息。咨询师共情到来访者一方面害怕母亲的侵扰，另一方面又渴望被母亲关注，来访者内在是孤独的，来访者瞬间流泪，诉说小时候和母亲相处时的状态。此时，共情打破了来访者的防御，使咨询能够走向深层。

五、自由联想与节制：揭示真相

自由联想是经典精神分析最基本的技术之一。弗洛伊德运用自由联想消除了他的病人的癔症症状，认为这一技术可以发掘来访者压抑在潜意识的致病情结或矛盾冲突，把这些带到意识领域，使来访者对此有所领悟，并重新建立现实性的健康心理。潜意识有自己的内在逻辑，这些逻辑沿着特定的路径支配着我们的思维和行为。就像在马路上洒下一车水，水会自然地沿着一定的方向流动。神经科学已经通过神经元的互联网络模型证实了这一点。

在自由联想的过程中，来访者的心理防御会被削弱，潜意识状态就能够呈现出来，一些平时想不起来的事情就会浮现。当这些被诉说出来时，就是潜意识意识化了。这样，心灵固着的部分就能够解放，那些固定的想法和一直让来访者痛苦的部分就会松动、变化。

（一）开始

来访者一开始会带着日常与人相处的思维模式或类似看内科医生的期待进入咨询，不太习惯独自诉说自己的事。有些咨询师会对来访者说："将你此刻头脑中浮现出的任何内容，不管是有的没的、似是而非的，还是一句话、一个片段，不评判、不挑选地直接说出来。"一般来访者会尝试照着做，但有些来访者无法进行，有些来访者对此感到一片空白，会因咨询师的要求而瞬间僵住，内心纠结要不要闭眼，而咨询师对此没有明确说明，只是在等待来访者的反应。有时，当咨询师说"尝试说说你脑子里浮现的想法"，有些来访者就会诉说正在想的内容，当有新的想法出现时也会说明此刻又想到了什么。有些咨询师则什么也不说，直接将空间留给来访者，看看来访者怎么使用这个空间。对于高期待、高焦虑的来访者来说，这是无法忍受的，咨询师需要先以支持性的方式开启咨询，等来访者焦虑缓解后再引导其进行自由联想。偏执、躁郁、发病期的精神病患者，是不适合进行自由联想的。自由联想主要适用于各类神经症、轻度人格问题、心身疾病来访者，或已经好转的精神病患者。

（二）咨询师的任务

经典精神分析需要来访者主动地开启自主展示，咨询师要想了解来访者潜意识的冲突，就要将空间给来访者。做到这些，需要咨询师不问任何问题，内心处于平静状态，摒弃自己的主观感受，专注于来访者的言语和非言语部分，对来访者一闪而过的阻碍保持敏感。经过仔细观察，咨询师会发现来访者在行为或想法方面存在有章可循的相同模式。当咨询师清楚来访者自由联想中的潜意识部分时,才开始以来访者能够听明白的方式对此进行解释,从而使来访者隐藏在联想中的有用的潜伏想法曝光,来访者会去思考这些过往习惯的模式,相关的想法和行为就会减弱或消失。如,一位女性来访者,一直害怕同事或陌生人大声对自己说话,总是很小心地少说话,甚至不说话,以此来保护自己。有一次,当咨询师让来访者进行自由联想时,来访者想到她是弱小的,其他人是比她强大的。过了一段时间,她联想到,她的母亲说话很大声,一开口就是批评她,她就低眉听着,心里难受着。咨询师解释说,她害怕其他人会像母亲一样批评她,那样她会伤心,她为了避免伤心的感觉,就不说话。后来,来访者说她担心如果自己说话了,母亲就会不要她了。这之后,来访者不再害怕了,也可以怼人了。

有些人觉得自由联想很奇怪,觉得难以想象和理解,会提出疑问:一个人信马由缰地任思维驰骋就能解决问题吗?当咨询师接受过动力流派的咨询,自己有这种体会时,就会觉得这种方法非常有效,那些看似毫不相干的画面竟然是在传递此刻自己的心情。如,来访者说到被母亲从里到外"洗脑"时,脑海中浮现出难产等画面,来访者觉得奇怪,当来访者将这些和母亲联系在一起时,来访者突然意识到"哦,我竟然用这么隐晦的说法来攻击母亲，希望她消失"。然而，即使如此，新手咨询师还是会着急地发表自己的想法，以增加来访者对咨询的信任度。这在某种程度上会使咨询一直停留在表面，无法深入探讨潜意识，来访者想要解决的根本问题反而无法被触及，一直没有进展。

（三）来访者的任务

咨询开始时，来访者会诉说自己的问题，包括困扰、痛苦、日常琐事以及与人接触时的状态，有时还会说到自己的梦和过往的一些经历。来访者在诉说这些的过程中，慢慢能够使自己的思想自由地流动，并能够和咨询师交流一些感受、情绪、情感，这是来访者与咨询师合作能力的体现，是非常重要的。在长程咨询中，来访者会在退行下对咨询师产生各种情感，如愤怒、讨厌、生气等，咨询师针对这些情感进行工作，来访者的问题就能够被处理。来访者要能够暂时地和现实生活断开联系，沉浸在自己的情绪感受中，在中断的过程中又能够表达脑海中浮现的内容，感受此时的感受，时间到了，又能够回到现实生活中，同时在咨询外的时间里回味咨询中的感受和发生的事情。这样，来访者就会不断地思考、领悟，在下次咨询中会有新的、细微的变化，从而使咨询不断进展。同时，来访者能承受咨询过程中出现的不确定感、焦虑、挫折,不会因此就结束咨询。

在开启这个过程的早期,有些来访者会对咨询师只是倾听而不给予回应的态度表示不满,来访者认为咨询就是要解决问题的,像内科医生一样,如果咨询师一言不发,那问题怎么能解决呢?咨询师要允许来访者表达对此的不满,同时要告诉来访者,咨询师一直是和来访者在一起的,要让来访者感受到这种陪伴并不容易,特别对那些渴望听到声音和得到回应的来访者来说,这和来访者深层的孤独与死亡焦虑带来的不安有关。这需要咨询师把握节奏,适当发声,既不影响来访者自由联想的进行,也不会让来访者产生"没有人管自己"的被忽视感。要做到这些,咨询师需要积累理论知识、技术知识及咨询的经验。

(四)节制

大家都知道,节制意味着咨询师要克制自己想说话的欲望,就是管住嘴,但这只是字面意思。实际上,节制是规则,能够使精神分析进行下去,减少来访者对满足自己症状的重复。在咨询过程中,作为规则的节制是要给来访者一些限制,不能满足来访者重复性的行为或思想。这同时也是给咨询师的限制,以使其维持在咨询师的角色上,这样可以使咨询持续进行。这是说,咨询师要有灵活和确定的态度。如,一位来访者就是要自由感，排除万难也要满足这种愿望。不管风雨多大，来访者就是要去宠物店看那只猫，因为之前撸猫的感觉太好，只有再撸到才能感到舒服，否则就会难受。来访者下大雪时想要堆雪人，就一定要去堆，不管约好几点要和人见面，都往后推迟，就是要去堆雪人。来访者继续说着，咨询师对这些材料的潜意识内容已经有所理解，就要发出声音进行解释，使来访者的潜意识能意识化，阻止来访者过多堆积想法。当来访者开始说自己就要自由的感觉时，咨询师要节制自己想去问"什么样的自由"的欲望，这不是冷漠，是要留出空间，促使来访者自己去思索，开发来访者的内省力。

节制，是咨询师带有温度和专注的全神贯注，不是不近人情。其主要目的是在潜意识层面不伤害来访者，咨询师不过度反应，而是要给咨询创造安全的环境，使来访者潜意识的冲突能够浮现出来。如，一位来访者曾说："我现在明白你为什么话少了，你是想让我多说我自己的事，这样我才能说出那个驻扎在我心里 20 多年的疼痛，那是真疼。如果这个疼不被说出来，我就感觉不到它的存在。当它被说出来时，我抑制不住地痛哭失声，之后我变得开朗了许多，内心轻松了许多。如果你的话比较多，这个压抑了那么久的疼痛也许就不会有机会被表达出来了。"

六、动力倾听：捕捉微妙变化

这是精神分析的主要技术，也是弗洛伊德所津津乐道的。这也是精神分析与其他流派不同的地方，就是要倾听来访者潜意识的部分，也就是我们平时说的"听人说话要听音"（话外音）。对神经症水平的来访者，主要是倾听驱力、冲突和来访者目前使用的防御。对自恋者，要倾听与自体客体相关的自体碎裂部分及退缩状态。对边缘者，主要是倾听来访者的个体化和分化。

心理咨询是一种谈话疗法，一个人说时另一个人在听。对咨询师来说，大部分时间是在听，从听中去分辨出来访者前一秒说的和后一秒说的是两种相反的情绪，或来访者说的内容和表情是两种相反的状态，这就听出问题了。当咨询师对此有了清晰的认识时，就会以来访者此刻可以听明白的方式把问题解释给他。来访者在听咨询师说话时，咨询师也要考虑来访者是否能够理解和接受。同样是听，咨询师要开放自己的思维，接受所有，做的事情要比来访者多。来访者如果没有理解咨询师说的话，就要表达自己的不理解，表明希望咨询师说清楚。

（一）倾听的过程

两个人相处，来访者在诉说时，咨询师在听。听什么？当然，我们知道在听内容，即言语部分，除此以外，咨询师还会听到来访者言语的表达方式，是清楚的、连续的，还是混乱的、碎片的，这些是看来访者的思维水平在初级还是次级。还有听这些言语背后的潜意识传递、精神状态的呈现。这需要咨询师能够一边听一边记住言说的内容，不去解读和评判这些内容，只是将它们暂时存放在大脑中。这也意味着咨询师要暂时清空自己的大脑，将与自己相关的情绪、观点、事务放在一边，专注于来访者的状态，去感受来访者此时此刻的心理活动、来访者的感受和情绪。这叫集中注意力于来访者，也是我们常说的换位思考。咨询师要将这种视角内化于心，接受来访者说的对他们来说是真实的，同时和这个感受拉开一点距离，再去感受来访者的感受。当咨询师再次去感受来访者的感受时，会把来访者的感受当作自己的感受来品，会品出不同，这是潜意识与潜意识的碰撞，会使咨询师触摸到来访者此时此刻的潜意识，当这种感受越来越清晰时，咨询师就会形成一个解释，讲给来访者听。

（二）倾听的准备

要做到这些，咨询师需要头脑非常清醒，注意力高度集中，不为环境和自己内心的事情分神，同时要保持足够敏感。比昂说咨询师要做到无欲无忆，就是说，咨询师要去感受来访者，同时觉察来访者此刻的思维、幻想、感觉、行为和冲动，不仅要找到这些原始的冲动及被压抑的欲望的源头，还要将这些不同的潜意识元素整合成有用的部分。也就是将来访者此刻和过去的碎片进行拼图，产生一种联结感。同时，咨询师要能够将这种联结感以来访者能够听懂的方式传达给来访者，就是说咨询师需要将自己理解的部分经消化后告诉来访者。咨询师在倾听的过程中始终保持一种空的、流动的状态，将自己"隐身"，将"光"都给来访者，自己则隐于暗处。

（三）如何倾听——均匀悬浮注意

弗洛伊德提出的均匀悬浮注意式倾听，是指咨询师倾听的过程中，其注意力是悬浮的，就像钟摆的摆锤一样，就像马路边草丛里安装的会旋转的花洒那样，花洒自动地、匀速地转动着，里面喷出的水均匀地通过花洒上的孔洒向四周。弗洛伊德认为这是精神分析式的倾听，他提出，分析师必须将自己的潜意识变成接收来访者潜意识信息的器官，将自己调整为一个类似扩音器接收器的状态，就好像接收器能够将声波传递给电子共振并重新转化为声波一样，一个咨询师的潜意识也能够从被传递给自己的潜意识中重构出意识。如，当一个来访者表达"自己想去杀人，那该多爽"的想法时，咨询师就要全盘感受来访者此刻的内心感受，紧跟来访者的诉说，同时在内心感受自己对"想去杀人"这一点的情绪反应，可能会感受到自己非常恨那个人，就能理解来访者的恨意和那种毁灭感。

咨询师以平等的心态倾听来访者诉说，保持自然和平静、不对某部分用力、不偏不倚、不刻意。咨询师的思维是流动的，像扫地机器人，能够自动搜索到目标，咨询师的感知力会对来访者的某一部分有警觉，就像扫到目标物一样。咨询师警觉的部分一般是来访者隐藏的、压抑的情绪情感，当咨询师将这些情绪情感反馈给来访者时，来访者会针对这些情绪情感提供更多的材料，咨询师凭借专业的姿态，能够从中发现一些有用的线索，从而将潜意识意识化。这也是一种发现的过程，咨询师和来访者一起发现来访者内心深处的一些东西，也是咨访双方潜意识对潜意识的碰撞，会在某一刻撞出火花，有时也会探寻到一些深层的心理洞穴。

（四）一些倾听的原则

咨询师在倾听的过程中以内在温暖的、接纳的姿态，给来访者安全感，让其自由地开放心灵。咨询师专注时的反移情反应能够感受到悬浮注意被不知不觉地带到某个方向，当咨询师脑海中的感受越来越强、越来越清晰时，就形成了一个解释，这是咨询师的潜意识和来访者的潜意识的一次碰撞。此时，咨询师的"第三只眼"就要睁开，感知来访者的感受或想法，同时能觉察自己，避免因刻意注意而将咨询导向错误的方向。因为，如果咨询师只在意自己，就做不到客观，就会歪曲当下的感知，咨询的关注点就从来访者那里跑到咨询师身上，这不但违背"咨询要以来访者为主"这一原则，还会使来访者感觉咨询师说的是与来访者无关的内容，来访者会看轻或否定咨询和咨询师，极端时来访者会离开。

七、阻抗：咨询中的"拦路虎"

阻抗从字面上就能够理解，即一种阻碍的、对抗的状态，弗洛伊德认为处理阻抗是精神分析技术的基石之一，也是区分经典精神分析与其他流派的标志。有些流派是在增强阻抗，如行为疗法和支持性疗法的对症处理；有些咨询师像调解员一样劝解来访者，这是在回避阻抗；有些咨询师会建议来访者只选择吃药，某种程度上是咨询师的潜意识感知到了来访者在反抗咨询，是一种共谋。

阻抗分为有意识的和潜意识的，大部分在自我中，是来访者对抗咨询进展的一种潜在的力量，一般会通过强烈的情感、幻想、行为等形式表达出来，是来访者在自我想要快乐的同时，本我却用力抵制的一种表现。在咨询过程中，来访者潜意识痛苦的部分会因阻抗而无法被触及，自由联想无法顺畅进行，来访者想要的改变就会停滞不前。如果这样的情形持续一段时间，咨询师可能会产生反移情，会感觉咨询停在浅表层面，一般会在督导下识别出阻抗的存在和具体表现。

（一）阻抗的分类

对于阻抗的分类，不同人有不同的看法，一般会从以下三方面进行分类：①防御类型：成熟的防御机制、神经症式防御机制、原始的防御机制，②移情性：移情反应产生的和回避移情反应产生的，③思维等级：初级思维过程和次级思维过程。

在咨询过程中，阻抗可能是混合状态或单一形式。不同时期来访者的阻抗会有所不同，或同一个时期来访者出现不同层级、不同种类的阻抗。如，一个来访者与人交流时主要借助图画，这是处在初级思维层级、原始思维状态，这类来访者一般使用的是投射性认同的防御机制，这些有时是在移情下产生的。大部分情况下，来访者的阻抗是单一的，如一只手的大拇指用力抠着大腿，或一直玩弄自己的头发。咨询师需要根据来访者此时呈现的言语和非言语的整体状态，去识别和理解来访者的阻抗，进而引导来访者接受自己此刻的状态，以便有效应对阻抗。

弗洛伊德是从阻抗的来源进行划分的，包括自我防御导致的阻抗，如压抑、反向形成、移情（表现为敌对、拒绝的姿态）和继发获益产生的阻抗；本我的阻抗，即对本能冲动的阻抗，不能轻易改变，必须通过修通才能去除，如强迫性思维和因力比多固着而产生的阉割焦虑等；超我产生的阻抗，如潜意识中的负罪感和被惩罚的需要，会让人不舒服，这是最难处理的阻抗，如来访者会将"问话"感知为批评，拼尽所有能量努力工作，潜意识里却在体验着被惩罚的感觉。就是说，在每一个心理状态下所有的心理因素都是构成该状态的一部分。大部分来访者的自我层面阻抗已经不容易被识别和处理了，对于本我和超我层面的阻抗，其识别和处理更加困难，需要咨询师内心足够稳定、技术足够娴熟。

（二）常见形式

咨询过程中常见的单一阻抗表现包括讲理论、顺从、沉默等，这些是来访者之前经历的重复。有时来访者明显在回避，不愿或不想面对某些问题，担心内心的想法说出来不是咨询师想听的，就以不知道说什么来避开对自己想法的评判。有时来访者面带微笑地说着伤心的事情，这种内心和外在表现出的情感不一致状态是阻抗的明显标志。有时来访者会通过前半身折叠的难受姿势或双手抱臂、用力握拳等肢体语言来表达此刻内心的压抑、不满或愤怒。还有些来访者大老远赶来却一直谈论琐事八卦，以此来阻止思考，回避对于性、攻击和对咨询师的情感等话题，以迟到、忘记付费等行动来表达对咨询和咨询师的不满。

咨询师要了解这些表现，在咨询过程中感知它们是如何出现的，在哪种状况下会出现上述的一种或多种情况，理解其背后的意义。咨询师看清楚了这些，也要让来访者明白，才能对这些阻抗进行工作，移除阻抗，使咨询能够向前推进。

（三）破解阻抗的相关技术

有些来访者在咨询的开始就会呈现出阻抗，如，要么就是要按自己想要的来；要么一直说，时间到时又责怪咨询师不负责，一点也没反馈来访者想要的东西；要么不停地要解决办法，希望快速解决掉眼前的困扰。这是阻抗对咨询过程最直接、最明显的抵抗，咨询师需要将来访者基本的自我功能、本我、超我及这三者间的冲突关系展示出来，并让来访者看明白，才能和阻抗进行工作，在这个过程中，咨询师也同时能了解到来访者与早年客体的关系状态。

这样的情景下，来访者的内心冲突被激活，来自来访者内心抵抗的力量也会慢慢呈现出来。此时咨询师能够识别出来访者使用的防御机制，如，通过理智化来避免碰触情感，依然想待在过往习惯性的状态里，不想使不成熟的自我发生变化。此时，咨询师能够通过来访者呈现的理智化使来访者看到，这样理智化的状态是双刃剑，一方面会让来访者有安全的感觉，另一方面会让人有"就事论事"的感觉，没有人的温度，会影响和人相处。有时来访者感觉咨询师好像故意不回答问题，通过这种敌意移情来挫败咨询师。咨询师需要识别出这是移情反应，是来访者此刻将咨询师当作早年的某个客体，让来访者意识到这一点，来访者的敌意就会削弱。

要想解决掉阻抗，就要先从来访者目前的状态里找到隐藏的、妨碍咨询的因素及其表现形式。咨询师看到后，要等待阻抗逐渐清晰，再让来访者看到是这些因素在阻碍着一些感受的表达，从而影响困扰的处理。来访者愿意对此进行回忆和思考，阻抗就能慢慢破解。这是需要咨询师给一点助力的，如，来访者说刚刚的沉默是在和咨询师比赛看谁先开口，咨询师会让来访者多说说比赛，或问比赛会让来访者联想到什么。如果来访者说想不到什么，咨询师可以提示其可能在担忧什么，促使来访者尝试自由地报告脑海里出现的内容。解除阻抗能提高来访者自我的成熟度，增强来访者自我的整体力量。如，上文的来访者感觉像在比赛，竞争的感觉已经非常清晰地呈现出来了，此时指出来访者在和咨询师竞争，来访者的成熟自我便能觉察到。如果一开始咨询师就去面质来访者，问那一刻是什么促使来访者产生竞争心理，有些来访者可能会因这样的提问而愤怒，因为竞争的原因可能隐藏在更深层。此刻只是谈论竞争本身，就是从来访者意识的最外层入手。这会促使来访者去体验和觉察自己，这一部分是来访者愿意表达的。然后，咨询师再在合适的时机尝试碰触因竞争而回避的部分。如，上文的来访者联想到自己过去总是沉默、让他人做决定，此刻想让咨询师来打破沉默时却迟疑，来访者在变化和模糊中想到自己是不是也可以做决定。由此，提升自我力量的种子开始发芽。

（四）阻抗解除的表现

咨询过程中非精神分析流派并不关注阻抗，只有经典精神分析会强调对阻抗的处理是重要的。有时阻抗是顽固的、隐藏较深的，咨询师识别出目前的阻抗，开始对阻抗进行工作，阻抗破解时，来访者会有被理解的轻松感，或有浓烈的情绪喷薄而出。如，来访者突然有焦虑、痛苦、悲伤、愤怒等情绪上的变化。这些是阻抗破除后，原本压抑的情绪得以表达的一种表现。

如，在一次咨询中，来访者在意识到自己的怕人情绪是和父亲有关时，瞬间失声痛哭，泣不成声，一边哭一边诉说早年与父亲之间的一些记忆。在下一次咨询中，来访者一开始就说，上次咨询结束后，自己不那么害怕别人了。再如，另一个来访者一直不明白自己为何脑海里经常浮现独自站在悬崖边的画面。来访者说到父母经常吵架，有一次父亲差点动手打母亲时，他不知道从哪里来了勇气，冲上去抱住了父亲。就在这一刻，来访者突然痛哭，哭了好一会儿才哽咽地说，他终于明白了自己为何一直会想到站在悬崖边的画面了。因为往前走是深不见底的悬崖，掉下去可能会死，他一直在死亡的边缘孤独地活着，而父母没有看到这些，没有伸出手拉他回来，因为父母在忙着他们自己的事情，总是忽略他。来访者后来说道，说出这些真的好疼，这种疼之前一直存在，只是自己没有察觉，而那次说出后，神奇的是他能够在父母面前说自己的不开心了，内心也平静了很多。当能够面对死亡，并对死亡恐惧进行处理时，害怕的情绪就会逐渐减弱。

八、移情：旧日情感的重现

人和人之间的相处往往是在移情的影响下进行的，不管是陌生人擦肩而过的回头一瞥，还是情侣间频繁的斗嘴，移情无处不在，影响着人际关系的方方面面。弗洛伊德说，移情就像引擎，像咨询的发动机。咨询过程中，移情是过去被压抑的潜意识内容在咨询情景下的再现，是来访者的潜意识与咨询师产生的联结。那一刻，来访者将咨询师当作早先记忆中的人物，如伴侣、领导、医生、老师、演员、权威人物、名人等。

网络上有可透视的人体三维图像，展示了皮肤、下面的肌肉、肌肉里面纵横交错且脉络清晰的血管神经、肌肉下面的骨骼、被骨骼和血管神经包裹着的各个脏器。移情也是这样，和人接触的感受是逐渐累积的，这些汇聚在一起，形成对某个人的印象。一旦有新认识的人，大脑就启动搜索机制，将新认识的人与过往的某个人相对照。当我们听来访者诉说他目前生活中和人的相处时，是处于来访者心理的表层，就像我们看到的人体表面的皮肤，表层下面是各种人际相关的记忆。来访者能够感知和说清楚的部分是目前的状态，认为自己就是这样，已经全部告诉咨询师了。咨询师知道，来访者目前状态和过去之间的联系，以及由目前的状态引发的与过去状态的联系，这些是潜意识的，这会使咨询师感受到一种压力，好像咨询师要以来访者赋予的过往某个人的身份来与来访者互动。如，来访者就是坚定地认为咨询师知道他想要的答案却故意不给，此刻咨询师在来访者眼中就成了其早年的客体。

（一）移情的本质

移情是来访者将当下的咨询师体验为过去的某个重要客体，咨询师会有奇怪的不恰当感。这是一种重复，在时间上是过去和当下的置换，将过去的情境置换到当下。这些是潜意识的，来访者不是主观上想这样做，某些情况下是在防御。

咨询室里的移情一般涉及三个完整的人物：来访者、来访者过去的客体、咨询师。比昂认为，咨询室里有许多客体，如来访者过往的客体和咨询师过往的客体，还有设置等。弗洛伊德认为移情是一种情感关系，是潜意识被压抑状态的一种体现。克莱茵则认为移情是投射和内摄的过程。

（二）移情的表现

来访者感觉咨询师生自己气了，是在情感上的移情。如果来访者认为咨询师是针对来访者才话不多，是幻想方面的敌意移情。如，团体咨询师对其中一个成员说话，另一个成员会因嫉妒而愤怒。有时移情会出现在期待和想象等方面。如一个人平常就说自己好黑，但当你说他很黑时，他会不高兴，这就是日常生活中的移情。移情不只发生在咨询室里，咨询室外一样有，几乎存在于所有的人际关系中。

有些人没有移情反应，对于本能满足者，他们有能力调整自己的行为来适应外部世界；当一个人万念俱灰时，通常内心已无生机，是没有任何移情反应的；还有一些自恋退缩者，能量完全在自我中，对别人几乎不释放任何能量。当一个人处在移情中时，一般是本能未被充分满足，希望别人给自己补充能量，一部分来访者是这样的。移情无处不在，只要接触人，移情就会出现。即使没有其他人，只是自己一个人时，人们也会和自己的幻想欲望滋生出移情，使自己开心或烦恼。

（三）对移情的理解

咨询过程中来访者的情感会传递给咨询师，将自己早年
和父母或兄弟姐妹相处的经验及强烈的感受转移到咨询师身
上，这些强烈的感觉包括依赖、爱、嫉妒、挫折、恨等。在
那一刻或那一段时间内，来访者的感觉这些情绪并不属于过
去，而是直接与面前的咨询师有关，是当下真实发生的，他
们不会感到这是不恰当的、错误的，因为这是潜意识的。神
经症来访者稍后可能会意识到自己刚刚是将咨询师当作了父
母，人格问题者则会坚定地认为自己就是在说咨询师。

有时，移情会成为一种阻抗，弗洛伊德认为移情是阻抗
的主要来源。移情导致的阻抗，是因痛苦的恐惧而产生的本
能冲动，如因对异性咨询师有性方面的想法而产生恐惧，所
以会不谈和性相关的部分。有时来访者认为咨询师对自己充
满敌意，这些移情是一种主要的阻抗，如团体咨询中的某个
成员，只要带领者和另外一个成员说话的态度或内容符合他
的期望，他就会认为带领者是故意不理睬他，哪怕上一秒带
领者刚刚和他有过对话。有人说精神分析框架下的各个流派
之所以不同，是因为对移情的处理方法存在差异。精神分析
和其他流派最大的区别就在于，精神分析致力于促进移情的
发展，并对移情进行系统的分析。

有时，来访者在咨询初期出现了好转，是因为咨询师给予了他们即时的满足，这是移情性好转，来访者的问题依然存在。有时移情是一种防御，如对咨询师的某种情感持续时间很长，总是在退行中，不能回到现实层面，这是因为来访者成熟的自我部分太弱。还有些来访者无法直接表达攻击，却经常迟到、缺席，这是将攻击性隐藏了起来，以防御自己可能遭到的咨询师的报复。如果来访者在咨询过程中站起来走动，在那个当下是在用行动表达此刻的内心状态，这也是来访者之前状态的一种重复，而非回忆。咨询师要能够理解，来访者在退行到非言语期或过往有严重创伤时可能会出现这种情况，这是在防御记忆、阻止思考。针对这种行动化的移情式防御，处理方式是要让来访者能够明白他们在那个当下感触到了某些情绪，这些情绪来得太快了或太浓烈了，以至于他们想尽快稀释掉这些情绪，于是就会自动使用过往的方式呈现。当来访者慢慢能够有所感知时，就会用语言来表达感受了。如，来访者在讲同事说他对未来过于理想化时，拿起他自己做的手工展示给咨询师看，希望得到咨询师的夸赞。此时来访者明显不愿意深入探讨与同事之间的关系以及自己的理想化状态，而是通过转移话题来让咨访之间的咨询氛围好一点，这属于移情性阻抗，是潜意识的。随后，来访者提到自己一直通过逗父母开心来让自己觉得家庭是幸福的，也会不自觉地对某些人采用相同的方式。

（四）移情的分类

一般而言，移情可分为正向和负向两种。咨询过程中是需要来自来访者的正向移情的，特别是在咨询的开始阶段，来访者对咨询师的爱意、崇拜、欣赏等正向移情反应，有助于建立工作联盟。然而，在咨询的中期和后期，对咨询师的理想化移情需要被去除，以便来访者展现真实的自我。咨询师需要在早期就留意这些移情现象的存在。

很长一段时间里，许多人难以接受咨询中出现负向移情，认为这说明咨询师没有能够理解来访者。然而，如今越来越多的人认为，当咨询出现负向移情时，意味着咨访关系是紧密的、稳定的，负性移情是治疗中最关键的部分。只有当来访者能够在咨询室里表达对咨询师的厌恶、反感、憎恨、愤怒、怀疑、嫉妒、轻蔑等情绪时，这些被压抑的情绪才能真正释放，来访者的问题才能得到深入解决。在良好关系下，重现对早年重要人物的敌意与憎恨是咨询工作有疗效的指征，因为来访者移情性退行得越深，对咨询师的敌意、攻击性就越强，这也体现出治疗联盟非常稳固。

如，一位女性来访者一直恨母亲从小没有养育她，她一度不想提到母亲，因为不想感受那种恨意。咨询进入第三年，一次咨询师轻轻地说来访者很少谈论父亲，来访者勃然大怒，说自己恨咨询师，这个她想深埋一生的禁地被咨询师触碰了。就像是来访者心里对父亲的情感是一个秘密，而咨询师扮演的母亲看到了这个秘密，让她感到惊慌失措。当来访者对咨询师释放了恨意后，来访者从此不再害怕了，内心也更加开放，咨询走向了来访者心灵的更深层。

有些来访者在某个阶段会想和咨询师竞争，总是在想办法打败咨询师，咨询师被来访者赋予了一个基于来访者想象的角色。咨询师要识别出这种移情，将自己抽离出来看看发生了什么，将看到的和来访者讨论，来释放或激活来访者内心赋予的角色关系。拉康认为，移情是来访者的潜意识在咨询过程中的实现。

一段咨询若能够使来访者心理内在发生变化，也就是常说的有效，其中主要起作用的是移情，移情有时是正向的，有时是负向的。来访者一味地恨着或喜欢着咨询师都不是最有效的状态，咨询需要一定程度的负向移情与正向移情的切换，或这两者的混合——爱中有恨，既爱又恨。正向移情中，来访者的攻击性没有机会表达出来，而过于负向的移情则会使来访者无法继续咨询，这两种情况都会影响咨询。这就如同一对伴侣，从来不吵架或许有压抑，而经常激烈争吵未免伤感情。

　　说到移情，不得不说的就是情感移情，这是异性咨访之间产生的和爱有关的正向移情。这表明，一个个体没有能够完全独立，没有完成个体的分化。关键在于是在咨询进行到哪个阶段产生的移情。如果一开始来访者就说很喜欢异性咨询师，这有可能是意识层面的喜欢，是一种理想化移情。如果来访者纠缠于此，有可能来访者内在是破碎的，看到理想的好客体就急不可耐地想让客体修复自己。如果在咨询的中后期，来访者喜欢咨询师时性的色彩很明显，甚至想要与咨询师结婚，这通常是来访者俄狄浦斯情结的爆发，将咨询师当成早年的异性父母了。这些是需要咨询师来区分的，咨询师要能够将自己抽离开，观察发生了什么以及来访者的潜意识在表达什么，并和来访者一起讨论。如果咨询师自己潜意识的问题和来访者一样，内心有碎裂的部分还没有被整合，有可能咨询师会付诸行动来教育来访者，以此来修复自己。如果咨询师自己的俄狄浦斯情结没有得到妥善处理，有可能会和来访者纠缠，甚至付诸行动来满足来访者性的需要，这是咨询师在利用来访者退行下的移情来满足自己的俄狄浦斯需要。这一点，常常被拿来说是违背了咨询伦理。对于某些未经自我治疗就上岗的咨询师或某些不注重咨询师需先以来访者身份解决掉自身潜意识焦虑的流派，的确会面临难以应对的问题。

　　如，一位年轻女性来访者，毕业后出现了抑郁症状。咨询进行一段时间后，来访者每次来咨询时都会刻意打扮自己，夏天穿比较露肤的衣服，经常谈论与男性朋友之间的话题。男性咨询师感觉到，来访者在向咨询师展示她的吸引力，来访者也承认很想与这位男咨询师交朋友。随着咨询的推进，来访者意识到小时候父亲会经常带她一起玩耍，她希望母亲外出工作，让父亲留在家里。来访者也希望咨询师只有她一个来访者。来访者目前已经大学毕业，却因抑郁缠身无法工作，以为这样就可以像小时候一样守住父亲，心理层面固着在想嫁给父亲的俄狄浦斯期，这是正向移情性阻抗。咨询师的工作是没有性欲化的，能够做到这一点，前提是咨询师已经解决了自己的俄狄浦斯情结。咨询师要能够觉察到来访者呈现的与性相关的部分，识别出性移情的本质，并将自己理解清楚的部分以来访者能听懂的方式解释给来访者听，使来访者开始慢慢思考这些问题。当这个充满爱意的移情性阻抗被破解后，咨询才能进入更深层。

　　两个人长期相处会促生浓烈的移情，正向的爱的感情里面会蕴含爱情成分，负向的恨的感情里面会有破坏的成分。当咨询师的这些强烈情感出现在咨询中时，那个当下是来访者小时候和父母之间的情感再现，咨询就是要让这些本能部分显现出来，咨询师的作用就是在这些节点上识别出移情的真正含义，而不是进行打压或报复性攻击。咨询师通过运用解释技术，让来访者的这些情感能够进入意识层面，再进一步对此开展讨论。来访者会针对这些进行联想、回忆，造成其痛苦的源头就会逐渐显露出来。

（五）处理移情

对于动力流派咨询，主要是在咨询师的节制下促进移情，当移情已经非常明显时要让来访者感知到移情。不管是正向移情还是负向移情，如果咨询进行了很长时间都没有出现，说明来访者在防御。当移情反应足够强烈，咨询师要能够识别来访者对自己的强烈情感是一种移情状态，然后让来访者也看到这些移情，使来访者感觉到这种情感不现实，进而明白自己如此强烈的爱或恨，是自己早年对父亲或母亲的情感，使来访者能够言说这些情感隐藏的细节部分。这也是在溯源，寻找来访者潜意识里最原始的部分。有时来访者谈论这些隐藏太久的秘密时会不好意思，咨询师要先处理来访者外层能意识到的羞耻感。当来访者能够去碰触稍深一层的早年和自己父母相关的爱、恨、性、幻想的细节时，这些移情性阻抗才有机会被讨论和慢慢解除。弗洛伊德认为移情是阻抗的主要来源，移情导致的阻抗，源于痛苦的、恐惧的本能冲动，其中性和敌意移情是主要的阻抗形式。

如果这些爱和恨的移情不能拿出来进行讨论，就无法从潜意识来到意识层面，来访者可能脱落，或咨询会停滞不前。一种常见的移情性阻抗是移情式满足，是来访者对咨询师产生的强烈情感和本能冲动被满足。如，口欲期希望被喂养的即刻满足感，肛欲期的被动满足冲动，俄狄浦斯期对咨询师的性欲望同时伴有乱伦的焦虑。当来访者只专注于得到这些满足时，就不想主动参与咨询工作。另一种常见的移情性阻抗是防御式移情，来访者一般会以和咨询师保持理性的方式来呈现。还有一种移情性阻抗是移情性付诸行动，如有名的朵拉案例，她中断了和弗洛伊德的治疗，是因为那时弗洛伊德没有识别出她的移情来源于她的情人 K 先生，而非她的父亲。同时，朵拉对弗洛伊德的移情反应中有一部分是付诸行动的，即朵拉对待弗洛伊德就像她对待她的情人 K 先生一样，因为她同样离开了 K 先生。这个案例使弗洛伊德意识到移情性付诸行动在咨询过程中的重要性。移情性付诸行动，是来访者过往行动的重复。

（六）处理移情的步骤

一个人在不同的关系状态、不同情境下说话，带给他人的感受是不同的，移情直接影响到话语被听到的体验，如，一个人自己说自己"好蠢"，和其他人说"你太蠢了"，对这个人来说，内心感受是有很大不同的。咨询中，来访者对咨询师处于正向移情状态，会将咨询师当"闺蜜"，容易接受咨询师的解释。如果来访者将咨询师看作自己的敌人，就会想办法和咨询师争论对错输赢等。因此，咨询师要一直处于共情来访者和睁开"第三只眼"的状态，在这二者之间来回切换，不会满足来访者的所有要求，以保持咨询的边界。对于来访者送的礼物，咨询师如果接受，就要与来访者讨论礼物的意义，不接受就要确保给的理由合理，同时考虑礼物的轻重。

因此，对移情的处理过程也是来访者对自己进行探索的过程。这个过程中的每一步都会出现新的阻抗，需要先解决掉这些不断涌现的阻抗，才能继续处理移情。咨询过程中的情况是不断变化的，移情的处理也许不是按理性格式进行的，基本的步骤包括先感知到移情的出现，咨询师弄清后再让来访者明白这些，并和来访者澄清这些，使来访者能够表达出隐藏的情感部分。当来访者表达出这些相关的情感、幻想、性等，咨询师再对这些进行解释，进一步让来访者看到移情的细节和隐藏的、模糊的部分，从而使来访者的自我能够观察到自己若隐若现的心理状态，直到理解和接受。这些不可能一蹴而就，咨询师需要不断地重复，才能逐步处理部分移情反应。如果想彻底处理移情性阻抗，就要对移情解释后来访者领悟的部分再详细地一点一点讨论，直至修通。这依然需要一遍又一遍地在这个点上工作。

九、面质和澄清：迈向转变

在日常生活和各个咨询流派中，面质和澄清似乎都被广泛使用，如"你为什么没有去学校？"就是一个澄清的例子，只是有时咨询师不知道自己在用这种技术而已。对于精神分析，弗洛伊德没有特别强调这种技术，但也频繁运用，如朵拉说到她咳嗽一般会持续"3~6 周"时，弗洛伊德问："K 先生大概会离开多久？"这里就是在使用澄清。咨询早期，在倾听过程中，当听到一些模糊的或跳跃的内容时，咨询师会使用澄清或面质的咨询技术。如，"你愿意对你和母亲之间的事情多说说吗？"是针对来访者对于和妈妈之间的事情说得比较含糊时的发问，是一种澄清。这样，来访者能够清晰地知道自己说了但没有说清楚的部分是什么。当来访者出现用手遮挡嘴巴或低头等动作时，咨询师对此进行面质，"你看上去好像有点不好意思（害怕、悲伤）"，是对来访者此刻在回避的心理状态的一种呈现。面质和澄清通常是重叠的，都是针对阻抗、防御和移情的工作。不同点在于，面质一般是对来访者此刻心理状态的发问，澄清则是在来访者已经在表述一些事情，但表述有些模糊或想一带而过时使用。

面质和澄清是咨询师在主动发问，对来访者的自由联想状态是一种打断。这种打断要把握恰当的时机，咨询师发问的那一刻应内心明确这是在推动咨询往前走，这与精神分析强调的节制并不冲突。

（一）面质——揭露真相的技术

咨询能够开启，使来访者愿意探索心理内在，面质是第一步。在咨询中，在恰当的时机，咨询师要感知到此刻来访者跳跃的、挣扎的部分在妨碍情感表达，咨询师对此进行面质时来访者会重视并愿意面对这些问题。如，来访者先说咨询给了自己帮助，下一句又说买了自己很喜欢的衣服、逛了几个小时街等无关的内容，这明显是在转移话题，在回避着什么。咨询师在此面质说"你对咨询有不满？"就会促使来访者正视想逃避的部分。又如，来访者每份工作都不超过一年就被辞退，认为是公司看不到他的优秀，而提到他母亲总是要他接管家里的公司时，咨询师说"你对辞退你的公司有怨气"，就会引导来访者去体验被辞退时的心情。

对于防御或阻抗的面质，当咨询师识别出防御或阻抗时，必须清晰地将这些提出来，摆在来访者面前，让来访者能够明白，来访者才能接受此刻自己出现的状态，接下来咨询师才能与来访者共同讨论这个防御或阻抗。咨询师要做的就是让来访者能够理解到他正在抵制潜意识里的情感感受以及此刻抵制的东西长什么样，接下来才能使来访者去思考刚刚内心发生了什么。如，来访者每次来都事先准备好要说的话，是想填满时间，是在阻止内心真正的问题暴露出来。还有的来访者，每当咨询师想说话时，来访者就会快速说话，让咨询师闭嘴，这是在抵抗来访者幻想中有可能来自咨询师的批评或责备。当这些重复发生时，咨询师先要让来访者知道，来访者每次来都会事先准备好要说的话，就意味着他正在阻抗。当来访者接受这一点时，咨询师对此进行发问"如果你不事先准备话题，就不知道会发生什么"，这是告诉来访者他在阻抗什么。来访者如果回应说是因为不想浪费时间才这样，就是在表达他为什么要阻抗。

咨询在设置下进行，来访者对咨询师潜意识有情感的联结，咨询会趋于稳定，这个阶段如果移情非常明显，就要对此进行面质。如，咨询师可以直接面质"你看上去对我很愤怒"，在来访者不断叹气时可以说"你对我有什么想说的"。这些话语不委婉、非常直白，来访者一听就懂。咨询往前走的过程同时也是不断地去掉障碍物的过程，这个过程中来访者对咨询师产生的移情状态阻碍咨询时，就要让来访者看到这些，一起将其移开。停下来去看这些会让来访者感到不适，因为面质是一种质疑，会使人不舒服。面质时咨询师要尽量语气柔和，放平姿态，不要居高临下地让来访者接受，更不要强势地一定要来访者确认，而是要让来访者感受到此刻咨询师的真实里蕴含着有温度的情感部分，是在给来访者一个可以直面此刻内心状态的机会。

肯伯格认为，有自恋或边缘问题的来访者需要更多的面质，这样来访者才能感知自己内心的状态，问题才能解决。面质是对咨询进展中来访者内心出现的阻碍的一种破壁，有时咨询师已经看得非常明白了，对来访者来说这个壁已经薄得几乎透明了，咨询师一说，来访者会立马反思自己是在逃避。

（二）澄清——让模糊变清晰的方法

来访者在咨询过程中会诉说自己的日常琐事和幻想等，会出现一些咨询师能够看得到的焦虑、脸红等表现。咨询师要清楚这些看得见的部分的潜意识含义，循着这些外在去探寻来访者内心深处的东西，就能够让来访者更清楚地了解自己。如，一位来访者烦恼地说他孩子写作业时一定要来访者坐在孩子身边，来访者感到很累，想去沙发上休息一会儿。这时，孩子写作业的速度就会变慢，甚至停滞。来访者不理解为什么孩子13岁了还这么黏他。这里，咨询师会澄清道："你疲惫、虚弱时，孩子就不能做他自己的作业了，你可以多说说你和孩子之间的事。"这里，外在的表现是来访者因劳累休息时，孩子也停止工作了，这两者之间如此相似，是有内在联系的。

咨询师澄清防御或阻抗时，一般要了解来访者为什么会在这里停滞不前。在防御或阻抗使来访者感受到痛苦时，他们会用习惯性的机制来避免面对，这些有时是意识的，有时是潜意识的。咨询师要清楚这个地方有哪些痛苦是来访者要避开的，什么样的情绪使来访者不敢面对，什么样的变化来访者会惧怕，来访者敏感地预感到内心的门被打开哪怕一个缝隙，就会极度恐惧的是什么。如来访者不带任何情感、平淡地说着，咨询师会澄清（问）："你这样是不想感受到什么？"如，一位抑郁来访者不想说话，不想出门，只想睡觉。咨询师会澄清道："你从中得到了你想要的，那是什么？"

来访者会说这样就没有人批评她了。

当咨询师对来访者此刻的情感状态有清晰的把握时才进行澄清，越是对此刻来访者的情感感知精准，来访者越是容易理解和接受。如，来访者突然对着咨询师说"好想拧断你的脖子"，咨询师回应说"你恨透了我"。来访者啜泣着，声音越来越弱，眼神空洞，一动不动，如果咨询师害怕大声会吓到来访者，他可以非常轻柔地澄清说"你跑到哪里去了？"如果来访者认为咨询师在大雨天专门过来有些不好意思，咨询师一般会温和地说："这是我们的时间，是我的工作。"

发现防御或阻抗，了解防御或阻抗出现时来访者的心理状态，有助于进一步澄清。来访者含糊的、模棱两可的迷糊状态得到澄清，也会使防御或阻抗坚硬的外壳软化。有时澄清和破除防御或阻抗是同时进行的，会相互促进。

对于移情，不管是在哪个阶段，都要先让来访者能够辨识出自己的移情反应，一旦识别出来就要澄清，要让来访者能聚焦于此，并对此移情多展开说说，来访者对此说的细节越多，咨询师和来访者越容易一起找到这个移情的潜意识源头，回到最初来访者和客体之间的情形，并会弄清楚咨询师的哪个状态或行为促进了移情反应。这样来访者会明白，刚刚对咨询师的情感反应是自己小时候和母（父）亲之间发生的，也会讲述那时发生的一些具体的情节。移情下，来访者对咨询师的各种反应，是来访者早年对客体的反应在此刻被激活，之后在咨询师身上体现出来了。这是一种活现，是咨询的重要时刻，咨询师要对此敏感。如，来访者有时说讨厌咨询师，咨询师要澄清是什么让来访者讨厌。来访者说咨询师让她很紧张，咨询师会去澄清刚刚的哪些因素使来访者紧张。如果异性来访者说很喜欢咨询师，对咨询师产生情感移情，这是一种儿童时期幼稚的、不成熟的冲动，代表来访者只想满足自己感情的需要，不愿意思考和自己这个冲动相伴的是什么。

对咨询师的敌意、怨恨、攻击等只是一种情感的行动化，来访者不愿意对自己做一些感受性反省，目的是使咨询师品尝挫败感。来访者认为自己对咨询师的情感是合理的，就是喜欢或有敌意，咨询师要做到睁开"第三只眼"，知道来访者对咨询师的潜意识意义，将来访者的注意力引到来访者身上，使来访者知道自己的想法。因为咨询是在处理来访者的问题，此刻是移情下来访者对咨询师的反应。如，来访者在候诊室看到咨询师对助理微笑，感到嫉妒，因为咨询师从来没有对来访者微笑过，咨询师要能识别这是来访者处在三角关系中的情感，是早年和来访者父母之间关系的呈现，要让来访者也意识到自己在三个人的关系中会变得敏感，会容易不满。澄清这些，来访者就会逐渐对这些有更多思考。

面质在自恋人格或边缘人格来访者中运用的频率比较高，澄清在各个心理水平都在使用。对脸皮薄的自恋者使用面质会吓走来访者，混沌状态下的边缘来访者则需要涵容，澄清会加重他们的混乱。面质和澄清是咨询中不可或缺的技术，每一项技术的使用，都是为了促进咨询。如果说倾听是在和风中感受，那么面质就像是微风中考古者那柔韧而灵活的手铲，澄清则是拂去微尘杂质的毛刷。

十、防御机制："双刃剑"的辨析

这是所有人都在使用的机制，是健康表达自我的表现，可以让人们远离伤害，使人们内心稳定，有强大自我感。每个人都有自己惯用的防御机制，然而，当这些防御机制防御过度或太频繁时，就会出现问题。不同的神经症有其特定的防御机制，如强迫的隔离、抑郁的压抑。防御机制保护了自我，但同时也限制了自我，一个人的防御越扭曲有力，越能影响这个人的行为或思想，处理起来也越艰难。对于防御的使用，也是咨询师区分来访者是处于神经症水平还是人格问题水平的依据。

弗洛伊德是最早使用"防御"一词的人，防御是人们对周围环境的一种反应方式，弗洛伊德在实际工作中发现，那些情绪不正常者、歇斯底里者，是在用这样的情绪状态避免自己再次体验到痛苦。心理咨询的过程是在寻找最初造成来访者问题的情景，慢慢地使这种情景清晰，让来访者能够对此情景意识化，这样就能够减弱这种痛苦的感受，进而改变防御，使来访者能够用新的方式适应环境。每个人都有属于自己的特色防御方式，这使每一个人呈现出和别人不同的状态。了解不同的防御方式，有利于了解一个人所处的发育阶段和心智的成熟度。

（一）成熟的防御机制

这是指一个人内心界限清晰，富有弹性，人格结构相对稳定，自我有足够的力量协调现实、本我和超我。

升华是指一个人的原始冲动遇到超我约束的冲突时，能够以创造性的、健康的防御方式被大家接受。弗洛伊德对升华的解释是：有社会价值地释放原始冲动，包括吸吮、撕咬、排便、打斗、性交、窥视与被窥视、忍受疼痛等欲望。如，将施虐欲升华为可以治病的针灸医生，攻击欲升华为辩手或雕刻家，幻想升华为画家和艺术家，窥视欲升华为摄影师等。这样可以释放欲望的冲动，也有益于社会。一个人总是会有一些冲动和想法，这是不能摆脱的存在，我们会以升华的方式与此和谐相处。在某种程度上，升华是去性、去攻击的，是一个人发育到了高级阶段，把本能的欲望、意念、冲动，把性的和攻击的东西去掉，用非本能的方式释放这种能量。就是把一个有伤害的、痛苦的东西变成一个好的、可供欣赏的、赏心悦目的东西。

幽默是另一种成熟的防御方式，风趣，耐回味。大家都喜欢幽默、有喜感的人，是因为这些人有积极乐观的姿态，如，用自我嘲弄、自黑的方式表达不太恰当的情景。如，一位演员说比起获奖，矮不算什么。这对于身材不太高的人来说，听的人会一下子忽略身高，认为矮点没有什么。

有时一个人讲笑话或假笑是在避免尴尬，如，一些人一旦要讨论严肃话题时，就会不停地说些让人发笑的东西来假装自己很轻松。还有一些人，一旦让其站在众人面前单独发言，就不断地讲一个又一个笑话，要说的正事反倒不提，通过说些开心的话来避开内心的极度紧张。这，明显是一种逃避，是在用表面的欢乐，避免碰触内心痛苦的部分。

（二）神经症式防御机制

这是在生活和咨询中最常见到的，指将对某人或某事的、能引起焦虑的情感无意识地转移到另外的人或事上。比如，一个人在外是"窝囊废"，回家却成了骂人者，在工作中受了老板的气，回家后却对另一半发脾气；再比如，"一朝被蛇咬，十年怕井绳"。这些看似平常的现象，其实是人们在使用一种叫作置换的防御机制来保护自己。如，来访者认为刚刚咨询师不说话让自己感到很紧张、很害怕，这一刻，咨询师在来访者心中成了早年的外婆。这就是移情下的置换。

反向形成是指为了抵制本能冲动和欲望，一个人外在呈现的情感或行为和内心的状态是相反的。这样做的主要目的是掩藏内心的攻击性。这种相反的、对立的情感表达，一般来自肛欲期，以一种强烈的反向作用来夸大一种情绪，从而压制与此对立的另一种情绪。例如，强迫症来访者往往会很用力地要求干净整洁，以此来抵制内心深处对"脏"和"乱"的本能冲动。他们不停地洗手，是因为内心无法接受自己有哪怕一点感觉上的"脏"。有些人通过追求高分数来掩藏内心的脆弱，而高姿态是一种无法面对平凡的表现。

合理化是指当一个人的欲望无法实现时，会为自己找听起来合理的借口，目的是想说服自己和其他人，显得自己的行为才是最好的或对的。如，用"知足常乐"来安慰自己，或者因为买不起房子就说房价太高不合理，这都是一种合理化的防御。合理化防御的使用，使人们在某种情况下激发出创造力，但这些人一旦泛化了合理化防御，就会掩盖真实意图。如，有些父母打骂孩子，却认为这是"为孩子好"，声称"打是亲，骂是爱"，从而忽视这种行为给孩子带来的伤害。又如，有些过度节食的人声称这是为了身体健康，实则是为了掩盖自己的嫉妒和虚荣心。还有些来访者也可能总是试图用俗语来证明自己的行为是合理的，以此来隐藏自己不如人的一面。

理智化是指就事论事，不带情感，关注的是事件本身。这种防御机制常见于政治人物、财务人员、外科医生等职业群体。如，在咨询过程中，来访者不带情感地诉说从小带自己的爷爷的去世，表现出对爷爷既有感恩又有怨恨的冲突心理，却以一种无情感状态呈现，这样就可以逃避自己不想面对的由矛盾和纠结带来的不适。这类人通常是高智商者，多见于强迫性人格群体。

隔离表现为外在的无情感状态，而内心深处的潜意识里却汹涌澎湃，如同浮在水面的鸭子，表面平静，水下却在拼命划动。如，来访者平静地讲述 9 岁时母亲因车祸而去世的经历，虽然意识中保留着母亲去世的事实，但相关的情感部分消失不见了。

（三）不成熟的防御机制

婴儿、人格障碍患者和精神病人常常会使用一些原始的防御机制。如投射、认同、分裂和投射性认同，这些机制从一个人出生开始就存在，是成长过程中正常发育的一部分。然而，在某些特殊情境下，如果过度使用，就可能引发问题。比昂认为，投射性认同不仅是防御机制，更是母婴之间的一种人际相处模式。认同在一个人的一生中都存在着，不断被修整，是人们情感的基础。

婴儿通过认同母亲或养育者，逐渐形成自己的想法。青少年崇拜偶像，是想快速长大。亲人去世后，一个人可能会模仿去世亲人的行为举止，这是对逝去亲人的认同，就好像自己是那个刚刚去世的人，真实的自己则悄然隐去。

弗洛伊德提出了防御式认同和非防御式认同的区别，如果只是单纯地想成为和被模仿者一样的人，属于依附性认同，是非防御式的。如，青少年想成为自己崇拜的科学家，就会按照这位科学家的作息去学习。而如果一种效仿是出于被模仿者的权势威胁所产生的，则属于防御式反应。如，来访者害怕父亲打自己，认为如果成为像父亲那样的人，就能拥有他的力量，从而不再害怕他。这就像俄狄浦斯期的男孩害怕被阉割，就去模仿父亲，想做个像父亲那样的人。

在咨询过程中，咨询师需要保持中立，不暴露个人的部分，避免成为来访者的"拯救者"，同时在咨询师的角色中赋予温暖。这样，随着咨询师与来访者接触时间的增长和关系的逐渐亲密，认同会自然地产生。有些人认为，疗愈是来访者对咨询师人格的认同过程，在这个过程中，来访者是通过咨询师的解释来认同咨询师的。

投射是一种将自己内心冲突的冲动归因于他人的心理机制，把内心的愿望、对某个客体的想象放到另一个人的身上，把它当成现实，而没有意识到这是自己内心的一部分。这种机制是无意识的，属于原始的防御机制，从一个人出生时就存在，乳房是婴儿投射过程的原初客体。如，来访者对咨询师没有直接回答自己的问题而不满，实际上是来访者自己将模糊感投射到咨询师身上，认为是咨询师让自己感到不清楚。一些边缘人格障碍者和强迫症患者常有这种投射行为，他们将自己的不确定感和不安全感投射出去，从而避免面对自身的不安。

在咨询中，如果来访者认为咨询师重复自己的话是在批评自己，这实际上是来访者将自己内心评判的超我部分投射给了咨询师。如果来访者能够认识到自己这样的想法没有太多事实依据，能够反思，那么这种投射行为已经达到其防御目的——通过将评判投射出去，来访者减轻了自己的焦虑。这类来访者一般是神经症性的。如果来访者将评判投射给咨询师，同时坚定地认为咨询师确实在批评自己，那么这类来访者大部分是有人格问题的。

分裂是一种心理机制，用于避免多个矛盾的内容或情感同时存在于意识中，如爱与恨、冷与暖。分裂不仅是防御机制，更是婴儿从混乱中创造出秩序、去除危险、获得安全感的重要方式。通过将爱与恨分开，婴儿能够调节这两部分的关系，使两端互不干扰，不存在中间区域。也就是说，在某一时刻，只存在一种情感：爱存在时，恨就不存在。这种分裂的感觉让婴儿能够生存下去。一个婴儿如果能够充分地进行分裂，这将成为其长大后整合的基础。分裂的结果是婴儿能够安全地进食、表达爱与恨。

在体育比赛中，观众因支持各自喜欢的队员而发生冲突，这是分裂的表现，因为他们忘记了自己只是在观看比赛。在咨询过程中，来访者总是说自己多么努力地工作，抱怨公司看不见自己的努力，觉得公司很冷漠。这实际上是来访者在使用分裂的防御机制，当来访者频繁使用这种机制时，咨询师需要帮助来访者看到这种分裂，并通过解释来促进整合。有些来访者在咨询开始阶段会说遇到咨询师感到很幸福，但到了咨询中期，又会说咨询师不能理解自己，想要结束咨询。这就是分裂的表现——来访者认为咨询师一会儿是好的，一会儿又是坏的。

投射性认同是婴儿的一种排出机制，婴儿通过这种方式相信自己能够从内部控制客体。这是婴儿的日常沟通方式之一，婴儿将自己的内心原始冲动通过投射性认同传递给母亲。母亲识别出婴儿投过来的焦虑，经过自身的消化处理后，再反馈给婴儿，从而使婴儿获得满足感。在咨询过程中，来访者会将自己的焦虑或攻击性投射给咨询师，这通常会让咨询师感到不舒服。只有当咨询师能够识别出这是来访者的投射时，才能对来访者不想要而传递给咨询师的部分进行内心转化，再反馈给来访者。来访者只有明白这是自己惯用的对待他人的方式，才能对这种模式展开讨论，从而实现改变。

来访者使用投射性认同时，往往是由于那一刻内心极度焦虑难以忍受，于是以一种原始的方式表达出来。此时来访者是无法区分内心的感受和外在现实的。这些来访者的现实感在这种情况下是比较弱的。相比之下，精神病人完全没有现实感，因此无须考虑对方的感受。当来访者将自己不想要的痛苦或恐惧投射给咨询师，并试图迫使咨询师承认这些是咨询师自身的问题时，会给咨询师带来很大的压力。如果咨询师自身也有未处理的潜意识部分，可能会回击来访者，甚至试图与来访者摆事实讲道理，这往往会引发来访者的愤怒。如果咨询师此时能够感知到这些投射来自来访者，来访者此时是早年的客体，咨询师是早年的来访者，那么在体验时，咨询师就会更有可能理解来访者。

例如，来访者因为咨询师的安静而认为咨询师冷漠，这让他感到紧张。咨询师感到被误解，瞬间意识到这是来访者的投射，便承认自己没有说话，让来访者对此多说说。稍后，来访者想到自己与母亲之间经常出现类似的情况——来访者总是安静的、沉默的。在这里，来访者通过投射性认同，将自己的冷漠投射给了咨询师，认为此刻咨询师就是在冷漠地对待自己，从而感到不安。咨询师识别出这是来访者的投射，以包容和理解的姿态，让来访者呈现更多类似的材料，而不是通过解释将来访者投射的东西还给来访者。这样，来访者就会逐渐认清自己的状态。

投射是单向的，而投射性认同是双向的。例如，来访者确信老板对他挑剔，这是来访者将挑剔投射给了老板，认为对方是坏的，与自己无关。另一个来访者认为他的朋友在因为他而生气，同时对朋友的生气举动不满，这就是投射性认同。边缘人格障碍者大多使用投射性认同，投射者有一种坚定不移的信念，即认为别人不好。投射性认同是一种混沌状态，令人难以区分自己和他人。

在生活中，人们也会将友善的部分投射给别人。例如，一位女同事对小张说："小宋告诉我，他喜欢你。"这里，这位女同事将自己的喜欢投射给了朋友，这是正向的投射性认同。在日常生活中，最常见的是恋爱中的人，一方会认为自己温暖的部分确实在对方身上，双方都在给予对方温暖，这是一种正向投射性认同。有时人们也会将仇恨投射出去，例如，公司中，一位员工嫉妒另外一位同龄的员工和一位中年员工被评为优秀员工，而自己没有。她先对那位同龄员工说那位中年员工在公司说同龄员工一直单身是有生理问题，然后对中年员工说那位同龄员工说中年员工长期单独在外租住却不回家住。这里，这个员工埋下了怀疑的种子，使两人关于对方的负面想法投射到对方那里并激起了彼此的敌意，这是负向投射性认同。这种现象在婆媳矛盾、公司的派系斗争中经常出现。

十一、中立：平静而客观

在生活中，每个人或多或少都在使用中立的立场。例如，孩子和母亲斗得不可开交时，如果父亲能够不偏不倚地指出问题的关键，使母子两个人都服气，在这里，父亲就是站在了中立的立场上。

在咨询中，中立是指咨询师以一种带有温度的、真诚的客观性来对待来访者。这意味着咨询师要与来访者早年的客体及此刻来访者投射给咨询师的部分保持距离，展现出一种不带个人观点的中立姿态。这是一种关系，在这样的关系中，来访者感到安全，被允许表达自己，而咨询师对来访者是充满兴趣的。这也意味着咨询师要保持一种状态：与来访者的本我和纠结的自我保持等距的关系，不以个人主观意愿评判来访者的想法、幻想和冲动。咨询师站在中立观察者的立场上时，能够更好地把握何时说话、说什么和怎么说。在共情、澄清和解释时，咨询师的表达会趋近于准确，从而增强对潜意识感知的敏感性。

（一）咨询师不选边站队

在心理咨询中，咨询师要保持客观，不能将自己主观的想法强加给来访者。有些来访者在焦虑时，潜意识里会将决定权交给咨询师，希望咨询师站在自己的一方来对抗内心的另一方，从而避免自己纠结。然而，咨询师的任务是将自己观察到的情况解释给来访者，而不是直接付诸行动满足来访者的需求。例如，当来访者要求咨询师给出是否离婚的建议时，咨询师一般不会表明自己的立场。如，一位刚工作的年轻来访者在继续考博和安心工作之间犹豫不决、拖延并感到不满，认为其他人在选择上都没有问题，咨询师的反馈可能是：来访者在纠结的同时，无法接受自己有这样的纠结。来访者可能认为只有自己会这样纠结，认为这是有问题的。但动力流派咨询的目标是让来访者自己去反思自己的问题，不是让咨询师给答案。在这里，咨询师处于第三方的状态，一方面共情来访者的情感感受，另一方面能够将自己抽离出来，与来访者保持距离地进行思考。

中立是精神分析工作中最具挑战性的要求之一。咨询师需要把握好这个度，既要理解来访者，又要保持思考的空间。咨询师能够不被扰动，保持一种观察的状态，这不仅体现了咨询师专注于来访者、关心来访者的痛苦这一基本心态，同时也是将内省力传递给来访者的过程。要做到这些，不仅需要理性的或口头上的保证，还需要咨询师先解决自己潜意识中的焦虑，这样才能在内心真正保持不被搅扰的状态。

（二）咨询师对不同心理层级的态度

在动力流派咨询中，咨询师通常被动地跟随来访者的思路，一般不轻易表态。中立是一个相对的基线，当来访者的冲动行为可能带来危险时，咨询师需要有策略地偏离中立，随后通过解释来恢复到中立状态。

各种冲突导致神经症，冲突的两端又在伪装着，遇到神经症性来访者，咨询师需要对来访者的本我、超我、自我三者的防御部分保持均等姿态，还要兼顾来访者的外在现实。例如，一位抑郁的来访者对工作没有兴趣，咨询师建议来访者多做运动。这里，来访者想要做事的本我欲望和内在严苛的超我（担心失败或表现不够好）发生冲突，自我表现为对工作兴趣减弱，现实是不想工作，因为工作需要来访者主动付出努力。咨询师接受了来访者自我的无力，而没有引导来访者思考对工作兴趣减弱只是表象，是来访者内心两股力量打架的结果，从而偏离了中立位置，没有充分运用"第三只眼"进行观察和分析。

对于自恋的来访者，咨询师需要和来访者的理想化与贬低保持等距。例如，来访者说咨询师很有经验，让他感觉很好，表现出对咨询师的理想化。此时，咨询师要能够想到来访者可能已经将贬低的部分分裂出去了。过一段时间，这个来访者又说咨询师业务不行，没有解决他的问题，此时来访者是在贬低咨询师，将之前对咨询师的理想化部分完全抛掉了。咨询师要意识到来访者内心对咨询师的理想化部分依然存在，要同时考虑这两个方面，也要慢慢尝试让来访者逐渐接受这两个方面的存在，就像对待两个好朋友一样。有时来访者会被强大的恐惧或极度的痛苦淹没，咨询师要理解当下与来访者的任何部分都没有联系，来访者完全沉浸在自己的强烈情绪中。此刻，咨询师要做的是涵容，建立与来访者的联结。

边缘人格来访者的心理世界有时是一团乱麻，情绪可能在上一秒还好好的，下一秒就变得糟糕透顶。咨询师需要与来访者分裂出去的"全好"和"全坏"部分以及混沌状态保持等距。对于有冲动行为的来访者，有时这种行为可能会吓到来访者自己或咨询师。此时，咨询师要协助来访者控制这种行为，可能会暂时偏离中立，站在来访者冲突的其中一边。当对来访者进行解释并使其有所领悟后，咨询师再回到中立位置。例如，一个来访者想要离开工作了二十多年的公司，这是一个冲动行为。此时咨询师指出，如果来访者离开公司，这对他来说是一种惩罚，并且也会影响咨询的进程。随后，来访者对离开公司的想法产生动摇时，咨询师说："上个月，当你想离开公司时，我建议你先留下。现在你不想离开公司了，那么我们来讨论一下你留下来的所有想法，包括那次我的建议。"此时，咨询师重新回到了中立位置。

在咨询过程中，中立是咨询师的工作状态。当咨询师潜意识中未处理的部分被来访者的相应部分激起时，咨询师可能会偏离中立而卷入其中。这种现象往往在咨询师接受督导时才会被察觉和理解。

十二、退行：回归早期模式

在日常生活中，一部分人处在退行中。例如，成年人几个月不洗澡、不洗头，就是一种退行到婴儿期的表现。在咨询中，咨询师通过设置使来访者的心理状态能以早年固着点的原始情形呈现出来，如成人会退行到口欲期。当一个人在心理成长过程中遇到障碍，无法继续前进时，就会退回来，这种退行通常是由于过度痛苦和危险引起的，是一种逃避的表现。例如，一个小孩已经会用勺子吃饭了，但当小弟弟或小妹妹出生后，他又要用奶瓶吃奶了，这是退回到口欲期的表现。本来已经可以独自睡觉的孩子，发了一次烧后，一定要和妈妈一起睡，这也是退行的表现。在成年人中，强迫症患者可能退行到肛欲期，而歇斯底里症患者可能退行到俄狄浦斯期。有些人对吃药上瘾，也是退行到口欲期的表现。

处于退行状态下的来访者内心是混沌的，有时会丧失时间感，出现躯体化反应等。这些来访者的能量可能会传递到咨询师身上，退行越深，来访者越会感觉咨询师对自己挑剔、不近人情、充满敌意。

（一）种类

弗洛伊德将退行分为三种：层级的退行、形式的退行和时序的退行。

层级的退行是指来访者从次级思考过程退行到初级思考过程。具体表现为来访者从一开始相对成熟的自我，用有意识、有逻辑的语言表达自己的想法，逐渐退行到本我和不成熟自我的需求，需要即刻满足，呈现出一种原始的、无时间先后区分的状态，语言表达变得不连贯、无序，进入初级思维状态。小婴儿和精神病人通常是没有时间观念的。在咨询中，当成人来访者用画画来表达想法时，就是处于初级思维过程。例如，来访者和女朋友之间很少以文字交流，而是经常发一些自己工作中的或看到的图片，认为这就是在交流了，这也是一种初级思维的表现。

形式的退行是根据一个人呈现自身状态的方式是幼稚还是成熟来判断的。有些年龄较大的儿童或成人还在使用原始的方式表达，表现出婴儿化的状态。例如，一个成人经常穿奇怪的衣服或不顾危险地闯红绿灯，这可能是退到了幼儿时期的表现。有些人在压力下（如考试失利）会埋头睡觉，或者摔东西、搞破坏，依然采用婴儿时期原始的应对方式。

时序的退行涉及时间顺序，即一个人的成长时间线上出现了倒退，从现在退回到早年某个特定的发展阶段。例如，成人出现反复的洗手行为，每次洗 3~4 遍才能停下来，这可能是退行到了早年的肛欲阶段；成瘾行为通常是退行到了口欲阶段。

精神分析师普遍强调，来访者问题的解决往往是在退行状态下，促使本能冲动呈现，并在本能层面进行处理。然而，目前还没有太多人像研究自恋那样深入研究退行现象。

（二）原因

人们在遇到压力、困难时，可能会陷入困境。一个人出现退行状态，意味着在发展过程中力比多对客体的依附在某个节点上发生了固着。当力比多流动遇到挫折或受到阻碍，原始的欲望未能得到满足或被压制时，退行就可能出现。例如，一个成人到了更年期，可能会因害怕死亡而出现乱伦幻想，这实际上是退行到了俄狄浦斯期。只有当这些挫折或发展的受限频繁发生或比较剧烈时，退行才会出现。

在咨询中，咨询师通过运用设置和节制，可以促进来访者的退行，使其本能的原始状态在咨询过程中活现，进而释放压抑的能量，获得成长。这是咨询的必要过程。

（三）影响

一个人持续处于退行状态，表现出发展停滞，也是一种防御，用来逃避成长带来的痛苦。如果来访者总是在表达攻击性，这可能是试图摧毁其内在客体的表现，属于肛欲阶段攻击性的体现。在咨询过程中，来访者的退行可以被视为一种新的开始，是重新成长的机会，是我们常说的"咨询带来成长"的体现。在良好的咨访关系里，这种退行有助于促进创伤的愈合。来访者的退行状态和现实状态可能会来回流动或者在一节咨询中来回切换，这表明来访者在某些部分或某些功能上出现了退行。

这是温尼科特对一个成年男性的治疗片段：分析再次触及移情下与同性相处的一面，来访者对这一面感到格外惊恐。来访者说他小时候经常害怕被其他男人追着跑，温尼科特对此进行了解释。来访者表示，刚才当温尼科特说话时，他的心思飘得很远，飘到了一家工厂里。来访者神游了，这个神游对来访者来说很逼真，来访者感觉自己仿佛真的回到了那家工厂工作，也就是他之前任职的地方。温尼科特立即解释说："你从我的怀抱里跑走了。"那一刻，来访者像个小孩。这个来访者在这样的情景下呈现出退行状态，温尼科特感知到了这种退行，并以退行下小孩的语言来回应来访者。

来访者退行得越深，其超我部分相对会越弱。这样，咨询过程中遇到挫折时，容易激发来访者的恨意和攻击性，同时他们也会害怕内在客体对他们的报复。这种恐惧会进一步刺激来访者的恨意，并引发他们对被报复的害怕进行抗争，这通常是退行到肛欲阶段的施虐状态的表现。

咨询师能够让来访者表达恨意，同时做到不报复来访者，那么来访者的这部分问题就有可能得到解决。这些恨意和攻击性被当下的挫折重新激发，回到了最原初的本能冲动状态，有一定的浓度，会喷薄而出，就像小婴儿"哇"一声用尽全身力气大哭一样。如果咨询师能够识别出来访者浓烈的情绪和猛烈的攻击是针对早年客体的，就能涵容，不会进行报复性回击。这样，来访者就能够释放最初被压抑的状态，从而获得成长。以下为一个治疗片段：

来访者：你知道，我今天非常生气，我去参加一个活动，路上遇到交通堵塞，结果我的朋友还让我不要生气……你听不到我说话吗？

咨询师：嗯，不，我能听到。

来访者：而且……

咨询师：所以，你把我的沉默体验为一种无动于衷和拒绝。

来访者：是啊，我感受不到你对我说的东西有任何欣赏。

咨询师：这……

来访者：我真的不想让你说话，你知道吗？

在这个片段中，来访者非常愤怒，不断地攻击咨询师，而咨询师对此是涵容的。

十三、专业态度：咨询师的工作姿态

咨询师在意识和潜意识状态下全身心地投入心理咨询，这种姿态体现了对来访者的承诺，即咨询师会全力以赴做好咨询工作，识别来访者提供材料中有价值的部分，并有能力促进来访者的内省。这样的态度在设置下能促使来访者更加敏感地察觉自己的感知和体验。咨询的目标是让来访者感受到咨询师作为一个"人"的存在，这是咨询经验与咨询师个人特质的结合。

一个良好的咨询态度包括接受来访者提供的内容和呈现的状态，包容因投射而带来的不适，识别和思考移情，并能够与来访者沟通咨询师理解到的部分。要做到这些，咨询师需要有系统的理论做背景，接受自我体验和督导，积累一定的咨询经验，同时还要有丰富的生活阅历。换句话说，咨询师的心智成熟度是咨询的基础。

咨询师的"第三只眼"能够感受来访者在咨询当中的呈现，觉察自己在咨询中的反应和态度，以及感知当下咨访之间的整体状态。因此，一个有效的态度是，咨询师作为一个存在于外在现实的人，能够保持应有的观察和思考，将感知到的有意义的想法与来访者进行讨论，接受并识别来访者潜意识的投射和移情。弗洛伊德希望咨询师在咨询过程中能够像外科医生一样保持冷静，不带入个人情感，清空自己，集中注意力于来访者。

（一）态度是设置的一部分

心理咨询的态度分为设置之内和设置之外。设置是实际的外在现实和咨询情景的边界，是咨询室内的环境和咨访两个人的心理内在的呈现与真实存在的现实的边界。咨询过程中真实发生的一切，是由咨询室的环境、咨询规则和咨询目的决定的，不只是咨询师和来访者之间的言语交流，因此，特定的环境是必不可少的。

外在的设置涉及咨询师与来访者之间关于时间、地点、每次咨询的时长、频率、疗程、请假、特殊情况、费用以及角色关系等方面的沟通。内在的设置则包括咨询师呈现的咨询性态度，以及来访者能够自由诉说自己的种种，无论是有意义的还是琐碎的，是温暖的还是攻击性的。

（二）设置内的态度

来访者带着困扰以及对权威的期待和依赖前来咨询，从一开始便呈现出一种不平等的关系。咨询是由咨询师的角色和咨询设置共同呈现的，咨询师个人并不能够决定一切。咨询师以温暖的态度接纳来访者的幼稚状态，这是对尊重来访者自由选择权和承担部分责任的体现。咨询师对设置承担着提供情感和行为的安全感的责任，能够容纳来访者的情感能量。在咨询空间中，来访者自由言说，咨询师能够承载来访者抛出的焦虑和痛苦，对此进行思考。咨询师保持开放的态度，倾听来访者，给来访者足够的时间、空间，共情来访者，适时给予来访者反馈，帮助来访者有所领悟。这一过程不断重复，推动咨询的进展。

在咨询早期，咨询师若表现得过度热情，可能会削弱来访者的主动性，强化其对咨询师个人的依赖，而非对咨询本身的信任。这种热情还可能吓退那些内心混乱的来访者，因为这些人分不清楚咨询师的热情是出于欢迎还是别有企图。咨询能够顺利进行，源于咨询师对咨询和来访者的好奇心，对于心理咨询这种方法的投入。咨询师需要观察来访者的投入状态，接受来访者正性和负性的呈现。咨询师恰当的态度能够给予来访者踏实感。当咨询持续时间足够长时，来访者潜意识部分会暴露得更深，各种原始情感也会自然流露，这同时也能促进咨询师涵容各种情感能力的提升。

（三）外在设置对咨询态度的影响

咨询合约，无论是书面的还是口头的，都是咨访双方共同遵守的约定。咨询师要记住这些，在接下来的咨询中要观察和了解来访者对这些约定的反应，以及它们对来访者的意义。动力流派咨询的整体目标是让来访者能够呈现出潜意识中的情感、幻想等。为了实现这一目标，需要一个安全且不被打扰的咨询室，咨询室应简单舒适，不宜过大，以免给人空旷的不安感；也不宜过小，以免显得压抑。过于华丽或堆满物品的环境可能会让来访者分心。

咨询师留给来访者联系方式时要说明在什么情况下使用。如果来访者在两次咨询之间联系咨询师，咨询师一般不会给予解释，会将这种动力留在咨询中进行讨论，而不是在咨询外付诸行动。咨询师休假时，要提前告知来访者，来访者对此的反应可以反映其对分离和独立的看法。来访者临时取消咨询时，当次费用仍需支付，因为咨询师的时间已经预留给了来访者，这一点应在咨询开始时就明确说明。关于费用，一旦与来访者商定，就不要随意更改。金钱一般与依赖、剥夺和满足有关。如果来访者因支付缺席咨询的费用而感到不满，咨询师需要与来访者讨论其背后的意义。有些咨询师是一年调整一次收费，有些则是每 2~3 年调整一次，更多时候是根据整体经济环境来决定，通常需要提前半年或一年与来访者商量。

在咨询中处理一些紧急情况时，如遇到有自杀倾向的来访者，咨询师需要直接告知来访者，一旦有这种想法应立即联系咨询师或去最近的医院，并提醒来访者的家人关注来访者的状况。对于有攻击冲动的来访者，咨询师需要采取安全措施，如将咨询室的门打开，并告知来访者的家人其可能需要住院治疗。有些来访者会给咨询师送一些礼物，通常不建议咨询师接受，而是讨论礼物的意义。但对于那些内心脆弱的来访者，如果送的是普通礼物，咨询师可以考虑收下，并解释礼物对来访者的意义。

咨询师和来访者之间只是工作关系，因此仅在特定的咨询室里见面。这种固定的地点和时间本身就带给来访者一种私密、可靠的安全感，也使来访者清晰地知道，咨询开始之前和结束之后，他们回归的是自己的日常生活。这就是设置的边界，也是一种力量。

目前，其他流派也是按这样的外显设置与来访者保持稳定的关系，似乎不考虑内在设置，也不考虑当来访者突破设置时的潜意识意义。

十四、评估匹配：寻找最佳配对

咨询一般是从评估开始的，动力流派咨询的成功很大程度上取决于咨访关系的匹配度。这意味着咨询不仅要满足来访者的需求，也要考虑来访者目前的基本状态和问题是否适合进行咨询。在咨询正式开始前，需要了解来访者是怎么找到咨询师的，以此来了解移情；明确来访者只是想弄清楚自己的问题还是想通过咨询解决掉这些问题，以了解咨询是短

程几次即可还是需要长程;同时,还需评估来访者的基本情
况,即在时间、金钱和精力上是否已经做好了准备。

如果来访者只是想澄清一下自己的问题,可能 1~10 次
的短程咨询就够了。但如果来访者是想了解真实的自己,那
么长程咨询可能是更合适的选择。长程动力流派咨询主要是
对来访者的潜意识部分展开工作,需要关注来访者的阻抗、
使用的防御机制,以及来访者是否能够进行自由联想。这些
要求对来访者有一定的门槛。来访者要有现实能力来和咨询
师建立合约,要能够投入,在意识层面接受和咨询师之间存
在的不平等关系。

长程动力流派咨询要求咨询师集中注意倾听来访者,感
受细节或来访者跳过的部分,了解咨访互动过程所呈现的动
力,建立联盟关系。这需要咨询师和来访者双方都全身心地
投入咨询状态,感受情绪部分,识别来访者反复出现的模式,
并能够探索来访者的过去经历以及来访者的梦、性、幻想等。
然而,并非所有来访者都能完成这些任务,来访者需要具备
一定的现实和心理方面的基本条件。

(一)来访者

一位来访者前来咨询,希望进行自我探索,想了解真实

的自己，这种具有主动性的来访者适合长程咨询。如果来访者已经难受很久了，具体问题也说不清楚，如长期失眠、感觉自己胆子太小、总是爱生气、想恋爱却屡屡受挫，或者经常与伴侣或孩子吵架等，同时伴随情绪低落、空虚、对自己不满意、总是稀里糊涂等感受，咨询师会根据来访者呈现的这些情况，综合考虑其心理健康程度、心理的成熟度以及移情反应，从而确定咨询的频次和时长。同时，还要了解来访者的生活状态，例如是否有足够的资金和时间来支持咨询，对痛苦的耐受度如何，以及生活环境是否稳定。如果来访者即将面临重大生活变化，如当兵或出国，可能不适合立即开始咨询。在咨询过程中，最好避免做出重大的改变，如更换工作或调整婚姻状态。如果确实需要改变，应在咨询中讨论这些改变背后的内在冲突。

来访者的心理成熟度体现在能够进行自由联想，同时在咨询结束时能够回归现实；在咨询过程和两次咨询之间能够进行反思，并能够承受不确定感。咨询没有固定的模板，每个来访者都是独一无二的，因此每个来访者的总时长以及每一节咨询的具体展开都是没有统一标准的。这要求来访者具备一定的弹性，能够理解咨询师的言行。例如，当咨询师不说话而只是专注安静地倾听时，来访者能够理解这是咨询师把咨询空间交给自己，让自己有一种自由感。来访者在寻找咨询师时，咨询师回应"我在"，来访者能感知到咨询师的存在并继续进行自由联想。对于一些极度焦虑、严重自恋或边缘人格来访者，咨询师需要主动参与，以降低来访者高度的焦虑和极度的恐惧。

（二）不合适的来访者

咨询是咨访双方的合作，但有些来访者可能无法完成这项合作。例如，处于精神病发作期、严重的边缘人格障碍、躁狂发作期或有冲动行为的来访者，通常需要住院治疗，不适合进行咨询。此外，那些存在言说问题（口吃除外）或思维障碍的来访者也不适合咨询，因为动力流派咨询依赖对话形式，需要来访者能够清晰表达自己的困扰和痛苦。

如果来访者本身就是咨询师，且参与咨询是为了提升职业技能，认为自己没有问题，不想探索自己，甚至抗拒展示自己脆弱的一面，经常打破设置与咨询师讨论理论部分，那么这类来访者也不适合动力流派咨询。同样，那些目的明确、只想快速解决当前困扰的来访者，由于对自我探索缺乏兴趣，也不适合动力流派咨询。还有一些来访者总是处于愤怒状态，其破坏性过强，难以感受到咨询或咨询师带来的善意，这类来访者也不适合咨询。此外，那些创伤过于复杂和严重的来访者，可能会一直处于退行的防御状态，难以建立安全感，这类来访者可能需要在药物治疗的同时进行咨询。

（三）评估的部分内容

1. 来访者是由谁转介或推荐来的？——这有助于开启对咨询师的移情部分的了解。

2. 来访者的痛苦和症状是什么样的？——通过来访者对自己痛苦的描述，了解其动机。

3. 来访者对咨询的目的和要求是什么？——这有助于了解来访者的需求。

4. 来访者为什么现在来了？——来访者选择此时而非更早或更迟来咨询，这反映了其对问题的认识，是一种心理状态的体现。

5. 当症状开始时发生了什么？——是否存在促发事件？找到症状的触发点和可能的模式。

6. 来访者如何看待自己的痛苦？——观察来访者是否有反思的能力。

7. 来访者是否有动机去探索自己内心世界和冲突的某些方面? ——这是长程咨询最基本的心理条件。

8. 咨询师的第一个自发印象是什么? ——了解来访者呈现出来的状态和咨询师的反移情反应。

9. 自发的移情是什么样的? ——判断是理想化的、喜欢的、有距离感的,还是不安的。

通过初始接触,双方都在了解对方,判断是否能够长时间合作。这不仅取决于来访者的整体状态,也取决于咨询师的心智成熟度和技术娴熟度。

十五、个案中断:原因与应对

动力流派心理咨询的本质是促使来访者早年压抑的固着点在咨询情景下重新呈现。这个过程就像弗洛伊德所比喻的"考古",旨在让来访者意识到并有机会呈现其痛苦的根源,从而实现改变。例如,来访者感到工作不如意,尽管自己很努力,但领导似乎看不到他的付出,经常挑剔他。来访者一直留在公司,是希望公司能给予他升职加薪的机会,这种期待已经持续了好几年,然而领导从未提及。当来访者认识到自己的努力是真实的，同时也意识到领导对他有更高的要求，而自己尚未达到这些要求时，他的看法就会发生改变。

（一）脱落的原因

咨询的中断，即来访者脱落，意味着其问题未得到处理，不想继续咨询，而非正常结束。脱落的原因有多种：有些是来访者现实的因素，如没有钱支付咨询费用，或需要离开当地前往远方；有些是咨询因素，如工作联盟出现裂缝未及时修复、未能识别阻抗、无法直面防御、移情和反移情反应过于强烈等。咨询师在面对这些问题时的觉察力和态度，会直接影响咨询的进度。如果来访者不断地重复一种状态，咨询无法推进，可能是一种阻抗，这个阻抗长时间得不到处理，来访者会感觉问题仍在，从而萌生结束咨询的念头。若咨询师无法觉察这些，也无力识别阻抗，来访者可能会脱落。

例如，一位来访者对领导明显偏袒同事并为同事说话感到愤怒，但又不愿意多谈自己与同事之间发生的事情。如果咨询师试图深入了解，来访者会含糊其辞并转移话题，这表明来访者处于阻抗状态。当来访者一次又一次地诉说这些时，其实是在告诉咨询师：来访者与同事相处有问题，来访者不知道问题在哪里，为此感到烦恼，希望咨询师能解除她的烦恼。来访者不断地重复诉说，是一种呐喊，呼唤咨询师快来解救她。如果咨询师依然看不到症结所在，来访者的期待值会越来越低，逐渐认为咨询师也解决不了问题，从而想放弃咨询。如果咨询师能够识别出这里出现的阻抗，即来访者对同事既有不满又有顾虑，来访者会表达出这个顾虑。来访者认为，如果咨询师知道她同事的不好，可能会认为来访者也不优秀，咨询师就不会像现在这样喜欢来访者。此时，咨询师给予解释：来访者希望给人留下好印象是在保护自己，需要足够的理解和包容，当来访者有足够的安全感时，其脆弱或攻击性才能显露出来，否则来访者就会感到被指责和批评。只有当这些能够被面对和处理时，来访者才能真实地呈现内心脆弱和压抑的攻击部分。

（二）咨询结果的影响因素

动力流派咨询过程是让来访者压抑的本能部分得以呈现，使来访者相对成熟的自我部分逐渐接受并愿意接触这个被压抑的婴儿期本能部分。只有这样，来访者婴儿期压抑的状态才能真正改变。如果婴儿期经历的创伤比较严重或存在较多扭曲的防御，就需要更多的咨询次数来建立足够的安全感，并逐步识别和处理这些防御机制。这些工作会占用较多的咨询次数，也可能使咨询进展面临更大的阻碍。当咨询能够深入探索来访者底层的潜意识问题时，来访者早期的压抑才能真正一点一点地解除。同时，咨询过程中咨询师的心智成熟度也会对咨询结果产生影响。

咨询师个人心智的成熟度和咨询技术运用的熟练度，会影响咨询的深度和所能达到的层面。如果咨询师未能及时识别和理解来访者的负向移情，来访者可能会因不满情绪过于强烈而难以自我消化；或者，若咨询师擅自改变咨询设置，来访者的不安全感被激发，他们就可能会选择远离咨询。例如，来访者每次前来咨询时都在反复述说那些萦绕在心的事情，这实际上是一种防御机制，用来掩盖内心真正的情感。咨询师需要敏锐地觉察到这一点，并与来访者讨论。如果咨询师一直跟随来访者的思路，去谈论来访者已经反复思考过的内容，可能会让来访者感到反感。这种反感情绪一旦累积，来访者就可能会选择离开。这样的结束实际上是来访者对咨询师未能理解自己的不满，甚至是对咨询师能力的一种隐性攻击。在这个阶段，来访者可能还做不到直接表达攻击，因为他们担心被报复，这反映出他们的超我依然强于本我。如果咨询师能够让来访者明白这些，并让来访者感受到真正的安全，不会被报复，那么咨询就有可能继续进行。

（三）如何避免脱落

如果通过初始访谈，咨访双方愿意一起度过未来的时光，咨询师和来访者都要接受动力流派咨询没有固定标准可以作为地图，每一个来访者都是独特的。咨询师需要接受来访者带来的言语和非言语信息，识别并包容来访者投射带来的不适，识别并思考移情和反移情。当来访者对自己投射和移情的理解达到前意识层面时，咨询师给予解释，和来访者一起探索这些内容。

在动力流派咨询早期，咨询师的节制可能会让一些来访者感觉疏离和不亲切，从而对咨询产生失望。这是因为来访者对自己一个人的言说有质疑，希望听到咨询师这个"权威"的回应。有些来访者甚至会想，自己一个人在家自言自语就好了。然而，来访者的成熟自我如果能够接受自己选择咨询师的专业性，继续尝试，这种通过自己的参与来了解自己的体验会逐渐带来兴趣。

例如，一位来访者参加工作仅两个月，在公司大会上迟到，他希望公司能理解他不是故意的。下个月，他又漏掉了一项工作内容，他依然希望领导能理解他的努力。咨询师专注地倾听，来访者越说声音越低，怯怯地问："是我的错吗？你不说话我感觉你默认我是错的。"咨询师让来访者对此进行联想，来访者想到小时候一个人在母亲公司玩玩具，没有人理睬，一旦有人说话就是在批评他将玩具扔得到处都是。

通过这样的对话，来访者不再感觉咨询师的安静是在批评。

有些来访者因冲动而脱落，这并非自然的结束。通常情况下，咨询师会邀请来访者一起讨论这一情况。例如，咨询师提前说出了来访者已经意识到的感受，这可能让来访者感到愤怒。这种愤怒可能源于移情下的俄狄浦斯期的竞争和嫉妒，是被咨询师的某个状态激发的。来访者可能希望通过结束咨询来达到不理睬咨询师的目的，从而让咨询师意识到自己的错误并受到惩罚。然而，这并不是自然的结束。

咨询情景下，咨询师会将来访者呈现出来的幻想、性、日常生活片段以及言语中的细节编织在一起，反馈给来访者，帮助他们理解这些元素之间的关联。例如，一位来访者经常攻击那些喜欢他的人，这可能是来访者潜意识中以一种难以处理的方式应对这种事。咨询师解释说，来访者可能觉得别人对他的喜欢带有企图心，这是他所不想要的，或者来访者对别人的喜欢感到陌生。通过这样的解释，来访者可能会获得对自己的一些领悟，并与咨询师一起深入讨论这个话题。在咨询过程中，咨询师的专注倾听不只是一种责任，也是在倾听来访者潜意识的痕迹。同时，这种倾听给予来访者一种"被重视"的感觉。咨询师对来访者的回应，使来访者感知到自己的言语是有情感的，是有话语权的，是有一定价值的。

对于来访者使用的防御，咨询师需要去识别并直面它们，让这些防御变得清晰，从而使被压抑的、经历过的创伤和欲望部分的真相得以呈现。咨询师的工作之一是要敏锐地察觉来访者被困住的幻想、情感、习惯等，觉察并识别出来访者赋予咨询师的角色，同时对来访者想要打破设置的心理动机保持敏感。咨询师需要感受来访者在咨询中呈现的状态，同时觉察自己，保持"第三只眼"的清醒。

十六、长程咨询：阶段、过程与结束

弗洛伊德并未给出精神分析的完整流程图，但他强调了"自由联想—倾听—解释—领悟—修通"这一核心过程，从被动跟随来访者逐渐过渡到主动参与。有些人认为咨询过程需要包括面质、澄清、解释、领悟和修通，这里更强调咨询师的主动性。面质和澄清依然是在倾听过程中，针对遇到阻碍和模糊不清的部分进行工作。

对于神经症来访者，咨询师通过倾听，让来访者自由联想，然后进行解释，来访者通常能够做到这一点。而对于人格问题的来访者，有时需要咨询师适当主动去打破阻碍咨询进展的部分。咨询师也可以将需要做的倾听、面质、澄清和解释建立在共情的基础上，目的是维持良好的工作联盟，促进来访者的领悟能力。来访者需要做的是自由联想和领悟，最终实现修通。提升来访者的自我观察和思考能力，也可以促进其内省。这样的循环过程可能会频繁被打断，一旦出现阻抗，必须优先处理。在任何情况下，如果工作联盟出现裂缝，需要立即修复。维护好联盟是咨询的基础。咨询就像一个拳击台，设置是外在的护栏，而联盟则是内部的围栏，咨访双方在中间互动。

（一）开始咨询

咨询从移情开始，咨访相见的第一眼，移情就已经悄然展开，这也决定了来访者对咨询的投入程度。来访者诉说自己的日常困扰和重复的行为，咨询师从中找到来访者内心冲突的模式，并帮助来访者理解其痛苦与这一模式之间的关系，为后续的讨论奠定基础。通常，移情是针对来访者早年的某个重要客体，而移情下的冲突也往往是与这个客体相关的。咨询师通过倾听、面质和澄清，适度地共情，当来访者开始理解自己的模式时，咨询师再给予解释。

来访者自由的言说中，对某些状态的不断重复，可能是在使用防御来阻止某些情感的流露。弗洛伊德认为，癔症患者所说的"不知道"，实际上是"不想知道"。他的做法是对来访者施加压力，例如按住来访者的头，促使其说出来。这体现了弗洛伊德的主动参与。如果一个来访者一边说很想"一枪打死母亲"，一边紧握右手，眼睛冒火，这可能是移情下的阻抗。经典精神分析师此时仍会保持节制地倾听，直到来访者自己能够对这些行为和情绪有所思考和有领悟性的表达。

有些咨询师对于来访者握拳的举动和愤怒的情绪会进行面质和澄清。当来访者接受自己的愤怒之后，咨询师再对移情进行工作。咨询师会先让来访者意识到，他们的恨意不仅针对自己，也针对咨询师。一旦来访者能够接受这些，他们就会表达对移情下的咨询师角色的各种不满情绪，会将压抑的攻击性针对移情角色进行表达。此时，咨询师给予解释，来访者对自己的折磨，是出于不想被咨询师指责。来访者会慢慢思考自己对自己的折磨是为了保护自己，这就是来访者的领悟过程。

（二）解释

解释是精神分析最重要的技术，是与其他治疗流派的关键区别，具有决定性的作用。咨询师通过解释，将来访者潜意识内容意识化，即对来访者言语和非言语呈现的模式、过程等赋予背后的意义和原因。这些模式和过程不断地重复，是通过咨询师自己的潜意识感知而形成的。咨询师给予来访者解释，某种程度上也是在通过来访者的反应来检验咨询师的感知是否与来访者此刻的潜意识相吻合。例如，来访者可能会说"是这样"，或者在接下来的对话中暴露自己隐藏的部分，这些都表明咨询师的解释被来访者接纳了。当咨询师的解释被来访者接纳时，一方面说明咨询师对来访者的潜意识理解得相对准确，另一方面，来访者在被深度理解后会继续沿着刚刚咨询师呈现的感受方向进行思考，这样就促进了来访者的反省能力。解释会引发来访者进一步思考和澄清内在的迷乱，使其变得清晰。这样，解释再次促使澄清。

内心混乱的神经症来访者在诉说时往往会有许多缠绕在一起的话语，咨询师要在第一时间进行澄清。因为来访者这样说话，有时是因为他们自己也说不清楚，有时则是基于他们内心自认为的观点。咨询师此刻要能够快速地识别这些情况并通过澄清让来访者了解自己固有的思维模式是有问题的。这里，澄清促进了后续的解释工作。对于一些有人格问题的来访者，混乱可能源于将自己与内在客体的体验混杂在一起。咨询师要做的是涵容，允许这种混乱的存在，而不是急于澄清。因为此刻来访者的混乱里可能包含太多的不安甚至恐惧。例如,一个多年没有工作的年轻人说,他只能在他家附近走动,一旦稍微走远看到陌生人,就开始琢磨这个人的表情,他说自己此时感到很混乱。在这种情况下,咨询师需要涵容。虽然来访者的表达看似清晰,有因有果,但我们并不知道他的每一个动作意味着什么,以及内心发生了什么才会让他感到混乱。如果他能说清楚,就不会感受到这种混乱。

在咨询过程中的解释,通常是在来访者自由联想状态下,咨询师集中注意力倾听,捕捉潜意识与来访者潜意识的碰撞。有时,解释是在面质和澄清的基础上,咨询师将自己对来访者当下意识和潜意识的理解形成一个假设,让来访者感受到自己内在冲突的状态,从而拨开混乱的原始混沌状态。进行解释时一般需要一些铺垫,要让来访者慢慢跟随自己提供的材料进行理解,使其情绪和内心活动逐渐明朗化。当来访者对这些内容似懂非懂时,咨询师给予解释,来访者可能会恍然大悟地说"哦,原来是这样",这时咨询师的解释就是有用的。

解释需要反复进行。咨询师倾听来访者的自由联想,感知其内心哪些部分是混乱的、痛苦的、恐惧的,以及在什么情况下会出现这些情绪,发生了什么会导致这些情绪。同时,咨询师需要觉察自己的反移情。当咨询师能够清晰地理解来访者的困扰时，再将自己理解的部分以来访者能明白的方式表达出来，让来访者也能够清楚地理解。咨询师轻松地将困扰出现的原因以及困扰的内容讲给来访者听。在这里，咨询师传递的是一种事实，以及对来访者长期受困扰、难以解脱的理解。

有价值的解释，无论是正确的还是精准的，都能对咨询起到促进作用。来访者会在解释的基础上反思，并回忆起更多的信息。这也有助于促进来访者对咨询师的正向移情。如果咨询师对来访者的状态不是太确定，就需要等待更多的材料。有时这种等待可能源于咨询师自身的担忧，担心解释会引发来访者的攻击。这通常是咨询师自己未处理好的潜意识部分。容纳来访者的各种情绪，是咨询师最基本的职业态度。

（三）领悟

咨询的每一点进展，都建立在来访者根据咨询师的解释，进行思考并有所领悟的基础上。弗洛伊德认为，精神分析的职责是为自我功能的正常运转提供一个良好的精神状态，扩展自我感知的范围。一个人出现问题，往往是本能处于压抑状态，耗尽了自我能量，导致自我越来越无力应对内心的焦虑，从而形成各种问题。咨询的目标是让本能状态得以呈现，减少自我的消耗。这需要识别并处理阻碍本能释放的防御或阻抗，进行展示和澄清。

咨询师通过描述来访者提供的各种心理现象，以及心理内在各种力量相互作用的结果，弄清楚来访者的本能状态、防御、阻抗和冲突的两端。咨询师在此基础上进行解释，帮助来访者理解并接受自己当下的状态，从而进一步产生领悟。

当咨询师的解释被来访者接受，来访者会对咨询师刚刚呈现的内容有一种清晰的通畅感，从而对自己的状态产生"原来如此"的明白感。这种理解会增强来访者对咨询和咨询师的信任，相应地，来访者的警觉性超我也会放松，那些原本被压抑的情感就会浮现，从而推动咨询的深入。

领悟是一种能力。来访者在诉说时，情绪会随着言说得到疏泄，自我的紧张感减轻，观察力、思考力和判断力增强，这会提升来访者的理解能力。这也表明，适当的节制，为来访者提供空间，使其情感酝酿更加充分，有助于来访者获得更深入的领悟。来访者能够将意识层面与潜意识层面的情感连接起来，对自己呈现的碎片化的痛苦进行觉察，并将自己现实的生活状态与早年的经历建立联系。

例如，一位容易生气的来访者，咨询师先让其感知到自己正在生气，然后解释说，来访者的生气与咨询师有关。来访者可能会想起刚才说话时，咨询师换了一个坐姿（意识与潜意识的联结）。来访者进一步联想到，小时候自己玩耍时，母亲总是在旁边动来动去，干扰自己，让他心情不爽（与早年的联结，这是领悟的开始）。

（四）修通

这是来访者最初来咨询所期望达到的状态：解决内在矛盾和痛苦的部分，让内心变得顺畅。去除某个防御，暂时没有阻抗，只能说咨询修通了来访者的这个障碍，从而使其在思想、感受和行为方面有所改变。这需要对出现的防御或阻抗反复进行由浅入深的探讨，使心理内在的记忆、行为和思考等因素之间形成一种自动的循环。例如，来访者从家里搬出来和男朋友一起住，这个行为改变了来访者的思维——父母是可以保持一点距离的。

这一部分需要大量的工作，因为阻碍会一个接一个地出现。只有当浅层的障碍被解除后，深层的阻碍才会浮现。这也说明，只有修通，解释才能真正起效。

修通在某种程度上是修复那些激发来访者痛苦的原始情感，在来访者的经历中探索源头，找到来访者重复出现这些行为的动机和模式。要做到这些，每一节咨询往往只能触及一小部分，有时甚至只能看到其中的模糊状态。如果过早地触及这些内容，来访者可能会本能地退缩，反而增强阻抗。弗洛伊德曾说，咨询过程的每一步、每一时刻都可能出现阻抗。只有识别阻抗，让来访者看到自己的阻抗，不再回避，才能对阻抗进行工作，来访者内心对这一部分的抵抗才能逐渐松弛，从而逐渐找回过往的记忆，释放情感。来访者新产生的记忆和行为会促使来访者反思自己，这种反思又会再次唤起新的回忆，如此不断循环，来访者会逐渐对相关事件形成一个相对完整的轮廓。这些相关事件包括来访者的幻想、梦、联想等。当来访者逐渐了解这些事件的来龙去脉后，来访者就能释然，从容面对。这，就是修通。

例如，来访者谈到与孩子和丈夫相处过程中的烦恼，只是轻描淡写地一带而过。咨询师希望来访者能多说一些，但来访者仍只是浅浅地诉说。咨询师感觉到这里存在阻抗，认识到来访者内心有担忧。咨询师共情来访者，说来访者已经在努力地将想到的内容说出来，但来访者对咨询师这样的回应感到不安，觉得咨询师的照顾似乎是虚假的，不是真实的。咨询师感受到来访者的不安，这超出了来访者的耐受范围。此刻来访者内心是矛盾的，一方面想说出内心真实的想法，另一方面又担心不被接纳，这或许和攻击性有关。咨询师解释道，来访者的内在正在纠结，对自己想要说的话进行自我评判，一旦感到不安全就会藏在心里。或许来访者想表达不满，又担心表达后会招来可怕的报复，因此认为咨询没有帮助。来访者回应说，自己解决不了的问题，其他人也没办法。咨询师感知到来访者将超我投射给了其他人，包括咨询师。咨询师回应道，来访者担心说出来会被指责，被咨询师指责。来访者一下子哭了，说道："没有人这样对我说过，没有一个人会替我考虑，总是指责、批评我，我做什么都不对。"来访者接着讲自己小时候，父母和爷爷奶奶都向自己提要求，要求自己满足他们，一旦做错一点就批评。来访者讲完这些后，舒了一口气，笑着说："此刻我心里好像畅快了，原来说出来没想象的那么可怕。"这里，咨询师是对来访者内在担心被报复的恐惧进行了修通。来访者还有其他的点需要咨询师识别和处理。

（五）长程心理咨询的结束

咨询并非无尽的过程，尽管有些咨访关系确实持续了数十年。在两个人的相处中，当来访者最初的困扰得以解决，人格变得更加成熟，能够理解和接受防御及移情下的状态，具备反思能力，本我的一部分进入意识，自我变得更加灵活时，咨询的任务就差不多完成了。这里所指的，是咨访之间有着密切关系、持续数年甚至更长时间的咨询。

1.结束的指标

弗洛伊德认为，来访者的基本冲突和阉割情结得以解决，原始压抑成功解除并修正，来访者对自己使用的防御和阻抗能接受和理解，能够在移情中表达攻击，自我各项功能处于最佳状态时，就可以考虑结束咨询。

费伦齐认为，分析可以自然而然地抵达一个终点。分析的成功在很大程度上取决于分析师是否从自己的"错误和失误"中吸取了足够的教训，并克服了"自身人格的弱点"。

克莱茵在弗洛伊德的基础上进一步推进到生命的早期，认为发生在 1 岁之前的迫害焦虑和抑郁焦虑能够减轻，自我在强度和深度方面得到提升时，咨询方可结束。

也有人认为，如果来访者的症状减轻，处理了内在的冲突，清理或接受了压抑的情感部分，也可以结束咨询。在此基础上，如果咨询继续进行，就会在心理结构层面展开工作。当来访者的心理结构发生改变时，表现为内化了如何处理内在冲突，内在心理冲突被修通，这通常被称为人格的改变。

目前，大家普遍接受的结束咨询的相关指标包括：来访者的困扰明显得到解决，能够认识和接受自己的防御、阻抗、移情反应，并且能够进行自我探索。如果来访者提出要结束咨询，咨询师需要考虑这是不是阻抗的表现。如果咨询师提出结束，而来访者不同意，这可能表明来访者不想面对分离，这种情况下需要来访者自己去处理这种情感。

2. 结束时可能遇到的问题

在长程咨询中，咨询师一直关注来访者被压抑的部分，这有时会激起咨询师自身的本能状态。因此，弗洛伊德提出咨询师需要定期接受咨询。

咨询结束时，来访者的潜意识中或许仍有无法被触及的部分。咨询是对来访者原始压抑的修正，旨在将过往经历中缺失的部分进行重建或联结。然而，就像古籍修复一样，再高超的技艺也无法完全恢复到原样。

在处理来访者生命第一年所体验到的与自我感受和危险相关的迫害焦虑，以及与所爱客体受到危险相关的抑郁焦虑的过程中，来访者的高浓度破坏力和极度恐惧会被激起。这需要咨询师具备足够结实的容器来涵容。生活中突发的重大事件，可能会破坏之前已经处理好的有效部分，因为深层的潜在冲突或许还没有来得及触碰。咨询的最终目标是让内心自我、本我和超我的各个力量友好相处，彼此妥协，而不是让某一方占据主导。

某种程度上，咨询是没有终点的。咨询的结束，意味着来访者与咨询师这段时间的相处告一段落，但来访者对自己的探索是持续终生的。

3. 结束时的任务

对来访者而言，需要对咨询过程从开始到此刻进行一次回顾，再次体验分离和失落，能够承担起自己的哀悼，完成对咨询师的去理想化，并拥有内省力以开启自我探索。

咨询师需要和来访者一起清晰地回顾咨询中的失望和不成功之处，例如人们无法创造出完全陌生的新功能。当咨询师提出结束而来访者不想结束时，需要让来访者探索这些潜意识的意义。结束一段持续数年的亲密关系，有时会再次激起与死亡相关的焦虑，这是来访者需要面对的。

弗洛伊德认为，我们所说的"正常"指的是平均意义上的常态。"正常"的自我是一种理想化的虚构，而不正常的自我（像精神病人那样）是无功能的。自我的改变在某种程度上是模糊的，依据的是距离精神病自我有多远。

生命的丰富，正是在于一个人的生本能与死本能的联合行动。

内 容 提 要

　　本书从弗洛伊德的基本理论出发，结合当代精神分析的发展，深入探讨了人类心灵最底层的运作机制。你会发现，那些困扰你的情绪、行为和人际关系，往往与早年的经历息息相关。通过真实的咨询案例，作者展示了如何识别潜意识中的冲突，并帮助来访者实现真正的领悟与改变。无论你是希望更深入地了解自己，还是立志成为一名专业的心理咨询师，这本书都能为你提供实用的指导和启发。通过这本书，你将学会如何用精神分析的相关理论看待自己和他人，找到内心的平衡与自洽。

图书在版编目（CIP）数据

　　为什么我们总在重复痛苦：如何用精神分析自助与助人 / 曹文改，高羚著 . -- 北京：中国纺织出版社有限公司，2025. 6. -- ISBN 978-7-5229-2679-7

　　Ⅰ. B841

　　中国国家版本馆CIP数据核字第2025K4K711号

责任编辑：朱安润　　　　　责任校对：寇晨晨
责任印制：王艳丽

中国纺织出版社有限公司出版发行
地址：北京市朝阳区百子湾东里A407号楼　邮政编码：100124
销售电话：010—67004422　传真：010—87155801
http://www.c-textilep.com
中国纺织出版社天猫旗舰店
官方微博 http://weibo.com/2119887771
北京华联印刷有限公司印刷　各地新华书店经销
2025年6月第1版第1次印刷
开本：787×1092　1/32　印张：8.375
字数：135千字　定价：68.00元
